Gasbeleuchtung

Taschenbuch für Gasingenieure

Herausgegeben

vom

Deutschen Verein von Gas- und
Wasserfachmännern e.V., Berlin

München und Berlin 1937
Verlag von R. Oldenbourg

Carl Freiherr Auer von Welsbach.

* 1. September 1858 in Wien, † 4. August 1929 auf Schloß Welsbach in Kärnten.

Auer ist der Erfinder des Gasglühlichtes. Am 18. September 1885 meldete er das erste Patent auf »Neuartige Leuchtkörper für Incandescenz-Gasbrenner, genannt Aktinophor« an. Das erste Gasglühlicht in Deutschland wurde 1886 durch J. Pintsch auf der Jahresversammlung des Deutschen Vereins von Gas- und Wasserfachmännern in Eisenach vorgeführt.

Vorwort.

Im Wechsel der Zeiten hat sich die Gasbeleuchtung, insbesondere die Gasstraßenbeleuchtung, dem wachsenden Bedürfnis nach Licht anpassen müssen. Als vor etwa 100 Jahren offene Gasflammen die mittelalterliche Öl- und Kerzenbeleuchtung ersetzten, ahnte man noch nicht, daß damit der Grundstein zu einem neuen Zweig der Technik, der Lichttechnik, gelegt wurde, der mit dazu berufen war, das kulturelle Leben unseres Volkes entscheidend zu beeinflussen. Es waren Gasfachmänner, die die ersten Grundlagen für die Lichttechnik schufen. Letztere für die besonderen Belange des Gasfaches auszubauen und in die Kreise der Berufskameraden zu tragen, ist die Aufgabe des Ausschusses für Straßenbeleuchtung. Dabei wurde das Fehlen eines Leitfadens für Gasbeleuchtung als fühlbarer Mangel empfunden. Die im Laufe der Zeit immer höher geschraubten Anforderungen an eine gute Beleuchtung haben erwiesen, daß es mit einer gefühlsmäßigen Beurteilung von Lichtanlagen und dem Ausprobieren auf gut Glück nicht mehr getan ist. Der Wettstreit mit anderen Beleuchtungsarten sowohl als auch die Wahrnehmung lichttechnischer Belange nach neuzeitlichen Grundsätzen verlangt die Vorausberechnung von Beleuchtungsanlagen und ihrer Wirtschaftlichkeit. Es ist deshalb notwendig geworden, daß diejenigen, die die Gasbeleuchtung, insbesondere die Straßenbeleuchtung zu betreuen haben, sich über lichttechnische und beleuchtungstechnische Grundlagen Klarheit verschaffen. Hier fördernd einzugreifen, ist Aufgabe des vorliegenden Taschenbuchs für Gasingenieure.

Abgesehen von einem verhältnismäßig kurzen theoretischen Teil ist der Praxis der Gasbeleuchtung ein besonders breiter Raum gelassen worden. Damit ist schon gekennzeichnet, daß das Buch in erster Linie dem Praktiker dienen und ihm ein nützliches Werkzeug bei der Lösung der ihm gestellten Aufgaben sein soll.

Allen, die mit an dem Zustandekommen dieses Taschenbuches beigetragen haben, sei an dieser Stelle besonders gedankt.

Ausschuß für Straßenbeleuchtung

des

Deutschen Vereins von Gas- und Wasserfachmännern e. V.

Alfred Beckmann.

Inhaltsverzeichnis.

Erläuterungen einiger in dem vorliegenden Werke gebrauchter Begriffe.

Begriff	frühere Bezeichnung (veraltet)	Begriffsbestimmung
Ansatzgeleucht	Ansatzlampe	Geleucht, das (in Reflektorhöhe) an dem waagerecht endenden Ausleger des Lichtmastes oder Wandarmes angesetzt wird.
Anschlußhöhe	Aufhängehöhe	Senkrechter Abstand von der Straße bis zum Geleuchtanschluß = H' [s. S. 84].
Aufsatzgeleucht	Aufsatzlampe	Geleucht zum Aufsetzen auf Lichtmaste oder Wandarme.
Ausladung	—	Abstand von Mitte Lichtmast bis Mitte Geleucht = a.
Bauhöhe d. Geleuchtes	Bauhöhe	Gesamthöhe des Geleuchtes (einschließlich Glocke) = G.
Gasregler	Druckregler, Laternenregler, Laternendruckregler	Druckregler vor oder im Geleucht.
Geleucht	Lampe, Laterne	Brenner einschl. Ausrüstung.
Hängegeleucht	Hängelampe	Geleucht zum Aufhängen an Lichtmasten, Wandarmen oder Überspannungen.
Isoluxkurven	—	Kurven gleicher Beleuchtungsstärke.
Lichtmast	Kandelaber, Pfosten	Tragmast für das Geleucht.
Lichtmeßhöhe	—	Senkrechter Abstand von Mitte Glühkörper bis zur Meßebene (1 m über der Straßenfläche) = h [s. S. 84].
Lichtpunkthöhe	—	Senkrechter Abstand von Mitte Glühkörper bis Straßenfläche = H [s. S. 84].

Begriff	frühere Bezeichnung (veraltet)	Begriffsbestimmung
Lichtquelle	—	Brenner mit Glühkörper.
Lichtvertei-lungskurve	Polarkurve	Kurve, die die unter den verschiedenen Winkeln ausgestrahlte Lichtstärke angibt.
Luxgebirge	—	Räumliche Darstellung der ermittelten Beleuchtungsstärken.
Überspannung (Mittel-aufhängung)	—	Vorrichtung zur Aufhängung von Geleuchten über der Fahrbahn; seitliche Befestigung des erforderlichen Tragseiles oder Stahlrohres an Hauswänden oder Abspannmasten.
Wandarm	—	An Hauswänden u. dgl. befestigter Ausleger für Hänge-, Ansatz- und Aufsatzgeleuchte.

Licht und Beleuchtung.

Die Lichttechnik befaßt sich nicht nur mit der Erzeugung künstlichen Lichtes (Leuchttechnik), sondern auch mit der Anwendung des natürlichen und künstlichen Lichtes; letzteres Gebiet wird auch Beleuchtungstechnik genannt. Weiterhin gehören in das Arbeitsgebiet der Lichttechnik die wissenschaftliche Erforschung des Lichtes, seine physikalischen, chemischen, physiologischen und psychologischen Wirkungen, die Lichtmessung und die Ermittlung der wirtschaftlichen Anwendung des Lichtes.

I. Lichttechnische Grundlagen.

1. Vom Wesen des Lichtes.

Das Licht ist eine der selbstverständlichsten Wahrnehmungen des täglichen Lebens und doch ist bis heute noch keine restlos befriedigende Erklärung für das Wesen des Lichtes gefunden worden. Fest steht nur, daß das Licht der von dem Auge wahrnehmbare Teil der von einem Strahlungszentrum ausgehenden Strahlungsenergie ist. Diese wird nach der heutigen Auffassung durch eine Elektronenbewegung im Strahlungszentrum erzeugt und pflanzt sich in Form der Wellenbewegung von hier aus in den Raum fort. Dabei dient die Entfernung zweier benachbarter Punkte gleichen Schwingungszustandes zur Kennzeichnung der Strahlungsenergie.

2. Die Strahlungsgesetze.

Die durch Vorgänge im Strahlungszentrum ausgelösten und sich im Raum verbreitenden Schwingungen oder Wellen sind durch ihre Schwingungszahl oder ihre Wellenlänge gekennzeichnet, die untereinander und mit der Fortpflanzungsgeschwindigkeit des Lichtes in einer einfachen Beziehung stehen:

Schwingungszahl (ν). Wellenlänge (λ) = Fortpflanzungsgeschwindigkeit (c)

$$\nu \cdot \lambda = c.$$

Da die Fortpflanzungsgeschwindigkeit einen konstanten Wert hat und im luftleeren Raum

$$c = 300\,000 \text{ km in der Sekunde}$$

beträgt, so ist es gleichgültig, ob die Schwingungszahl oder die Wellenlänge zur Bewertung und Messung einer Strahlungsart herangezogen wird. In der Strahlungslehre wird die Kennzeichnung durch die Wellenlänge bevorzugt.

Bei der kürzesten Länge und der höchsten Schwingungszahl beginnen die geheimnisvollen, alles durchdringenden kosmischen Strahlen, es folgen dann in dem Bereiche von 1 billionstel bis 1 hunderttausendstel cm die Röntgenstrahlen, dann bis 4 zehntausendstel cm die ultravioletten Strahlen. Jetzt beginnen die sichtbaren Strahlen vom Violett über Blau, Grün, Gelb, Orange, Rot bis zur Wellenlänge von 7 zehntausendstel cm. Um die unbequemen Zahlen zu vermeiden, wird mit tausendstel Millimetern, Mikron genannt und μ geschrieben, gerechnet, so daß die Länge der sichtbaren Wellen zwischen 0,4 bis 0,7 μ liegt. Es folgen dann die ultraroten Strahlen, auch Wärmestrahlen genannt, die bis zur Länge von etwa 10 mm reichen; hieran schließt sich das Wellenband der elektrischen

Schwingungen von etwa 10 mm bis zu Hunderttausenden von Kilometern, um mit den unendlich langen Wellen zu enden, die wahrscheinlich mit dem Schwerefelde der Körper, der Gravitation, identisch sind.

An dieser Stelle interessieren hauptsächlich die sichtbaren Schwingungen zwischen 0,4 μ bis 0,7 μ, die als Licht vom Auge empfunden werden. Die Emp-

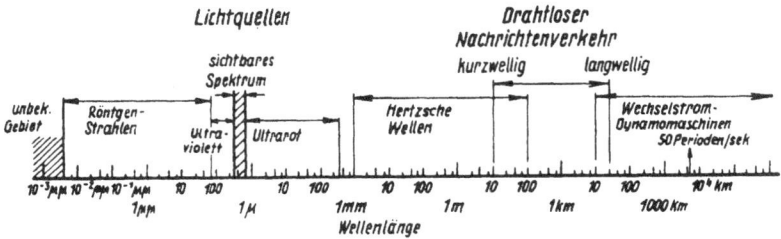

Abb. 1. Wellenlängen.

findlichkeit des Auges ist für farbiges Licht sehr verschieden, sie ist am höchsten im gelbgrünen bei der Wellenlänge von 0,55 μ, um nach dem violetten Ende des Farbenbandes oder Spektrums rascher, nach dem roten Ende etwas langsamer abzufallen.

Von energiegleichen Strahlungen in allen Wellenlängenbezirken des Lichtes nutzt das Auge also nur einen verhältnismäßig kleinen Teil, nur etwa ⅓, aus. Diese Tatsache muß festgehalten werden, wenn nach Steigerung des Wirkungs-

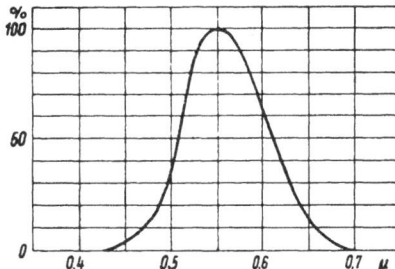

Abb. 2. Spektrale Hellempfindlichkeitskurve des Auges nach H. E. Ives.

grades bei der Lichterzeugung gestrebt wird. Bei Schaffung weißen Lichtes, also Schwingungen innerhalb des ganzen sichtbaren Wellenbandes, wird nur ein erheblich geringerer Wirkungsgrad erzielt als bei der Erzeugung einfarbigen Lichtes. Der höchste Wirkungsgrad wird bei der Erzeugung gelbgrünen Lichtes erreicht.

Zu den im Bau unseres Auges begründeten Verlusten bei der Wahrnehmung des Lichtes kommen noch die Verluste hinzu, die in der Methode der Lichterzeugung begründet sind. Besonders hoch sind diese Verluste, wenn Licht durch die Erhitzung fester Körper, also Temperaturstrahlung,

erzeugt wird, wobei es gleichgültig ist, durch welche Art der Erwärmung: ob durch Flammen oder durch elektrische Widerstandserhitzung.

Bei allen Temperaturstrahlern werden Strahlen aller Wellenlängen erzeugt und zwar überwiegen ganz beträchtlich die nicht sichtbaren ultraroten Strahlen. Diese Verhältnisse ergeben sich unmittelbar aus der Planckschen Strahlungsgleichung für den vollkommenen, den sog. »schwarzen Strahler« nach Kirchhoff. Dieser schwarze Körper ist dadurch ausgezeichnet, daß er jede auf ihn fallende Strahlung vollständig absorbiert und umgekehrt bei allen Temperaturen für jede Wellenlänge den überhaupt möglichen Höchstwert der Strahlung aussendet. Die von ihm ausgesandte Gesamtstrahlung ist nur von der Temperatur abhängig. Sie folgt der Beziehung

$$S = \sigma \cdot T^4,$$

worin σ die Strahlungskonstante, T die von dem absoluten Nullpunkt ($-273°$)

aus gezählte Temperatur bedeutet. Für die einzelnen Wellenlängen und Temperaturen erfolgt die Strahlung gemäß der Planckschen Strahlungsgleichung

$$S_{\lambda T} = \frac{C_1}{\lambda^5} \cdot \frac{1}{e^{\frac{C_2}{\lambda \cdot T}} - 1} \cdot$$

e ist hier die Basis der natürlichen Logarithmen $= 2{,}718$; C_1 und C_2 sind zwei Konstante, in denen die Lichtgeschwindigkeit, das Plancksche Wirkungsquantum, die Gaskonstante und die Lochschmidtsche Zahl enthalten sind.

In graphischer Darstellung gibt die Abb. 3 die Plancksche Gleichung für einige Temperaturen wieder. Aus der Kurvenschar ist sofort ersichtlich, daß das Strahlungsmaximum mit der Erhöhung der Temperatur von den längeren Wellen zu den kürzeren fortschreitet, was durch das Wiensche Verschiebungsgesetz

$$\lambda_{\max} \cdot T = konst. = 2880^0 \cdot \mu \text{ (abs)}$$

ausgedrückt wird. Nach dieser Gleichung läßt sich ausrechnen, bei welcher Temperatur das Maximum der Strahlung in das Gebiet der sichtbaren Strahlen eintritt, wann es mit dem Maximum der Augenempfindlichkeit zusammenfällt und wann es aus dem sichtbaren Gebiet wieder austrat. Diese drei Temperaturen sind

$$T_1 = \frac{2880}{0{,}7} = rd. \; 4000^0 \text{ abs.}$$

$$T_2 = \frac{2880}{0{,}55} = rd. \; 5230^0 \text{ abs.}$$

$$T_3 = \frac{2880}{0{,}4} = rd. \; 7200^0 \text{ abs.,}$$

d. h. bei 4000^0 abs., etwa der Temperatur des Reinkohlen-Bogenlampenkraters, liegt das Strahlungsmaximum im äußersten Rot. Bei 5230^0 abs., etwa der Sonnentemperatur, fällt es mit dem Maximum der Augenempfindlichkeit zusammen, was kein Zufall ist, da das Auge sich an die Beleuchtung durch das Sonnenlicht angepaßt hat, und bei 7200^0 abs. tritt das Strahlungsmaximum wieder aus dem sichtbaren Gebiet heraus. Der beste Wirkungsgrad für das menschliche Auge wird zwischen 4000^0 und 5230^0 und zwar bei etwa 5000^0 abs. Temperatur erzielt. Diese Temperatur regelmäßig zu erzeugen, ist mit den zur Zeit gegebenen irdischen Mitteln nicht möglich, so daß vorläufig alle unsere Temperaturstrahler mit recht niedrigen Wirkungsgraden arbeiten.

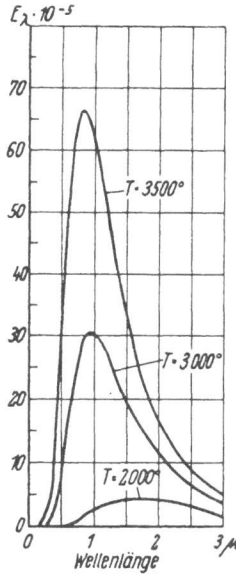

Abb. 3. Energieverteilungskurven des schwarzen Körpers für verschiedene Temperaturen.

Das gilt zwar zunächst nur für den schwarzen Strahler, aber auch bei anderen Temperaturstrahlern, die im sichtbaren Gebiete verhältnismäßig mehr Energie aussenden als der gleich temperierte schwarze Körper, die sog. »Selektivstrahler«, überwiegt die Strahlung im ultraroten Gebiete noch immer weit die sichtbare Strahlung. So kommt es denn, daß das Gasglühlicht, der erste mit großem Erfolg angewandte Selektivstrahler, sich mit einem Wirkungsgrade von 0,24 bis 1,26% der zugeführten Energie begnügen muß, und es auch der wirkungsvollste reine Temperaturstrahler, der positive Krater der Reinkohlen-Bogenlampe, nicht auf mehr als 9% bringt, wenn die Verluste in den unentbehrlichen Vorschaltwiderständen nicht berücksichtigt werden, während er sonst auch nicht mehr als 2,2% aufweist.

3. Licht- und beleuchtungstechnische Grundgrößen.

Zur Beurteilung einer Lichtquelle und der von ihr bewirkten Beleuchtung sind Meßgrößen für eine zahlenmäßige Festlegung geschaffen worden.

Lichtstrom (Φ) (Lichtleistung) ist das gesamte in der Zeiteinheit von einer Lichtquelle in den Raum gestrahlte Licht (Abb. 4). Die Einheit des Lichtstromes ist das Lumen (lm).

$$\text{Lichtstrom} = \Phi \qquad \text{Einheit: Lumen} = \text{lm.}$$

Lichtstärke (J) einer Lichtquelle ist der Teillichtstrom in einem sehr kleinen Raumwinkel. Die Lichtstärke einer Lichtquelle in einer bestimmten Ausstrahlungsrichtung ist das Verhältnis aus Lichtstrom und dem entsprechenden Raumwinkel. Die Einheit der Lichtstärke ist die Hefnerkerze (HK).

$$\text{Lichtstärke} = J = \frac{\Phi}{\omega} \qquad \text{Einheit: Hefner-Kerze} = \text{HK.}$$

Die Einheit der Lichtstärke, 1 HK, ist die in waagerechter Richtung gemessene Lichtstärke der unter Normalbedingungen brennenden mit Amylacetat gespeisten Hefnerlampe.

Die Einheit des Lichtstromes, 1 lm, wird erhalten, wenn eine Lichtquelle die Lichtstärke 1 HK gleichmäßig in die Einheit des Raumwinkels strahlt.

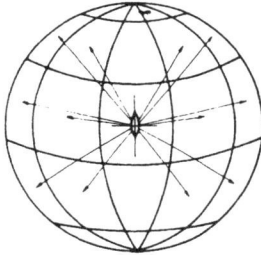

Abb. 4.
Lichtverteilung im Raum (Lichtstrom).

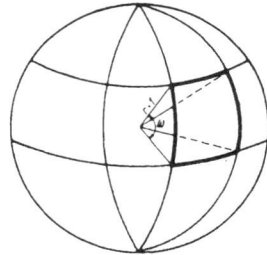

Abb. 5.

Die Einheit des Raumwinkels ist dadurch gegeben, daß das Kugeloberflächenstück gleich dem Quadrat des Kugelradius ist (Abb. 5)[1]. Der Raumwinkel der Kugel ist $4\,\pi = 12{,}566$, es gilt also die Beziehung:

$$1 \text{ HK} = 12{,}566 \text{ lm.}$$

Bei der Lichtstärke unterscheidet man die mittlere räumliche (sphärische) Lichtstärke J_v, die mittlere obere halbräumliche (hemisphärische)

---

[1] Wie der Flächenwinkel das Verhältnis eines Kreisbogens zum Radius ist, also eine unbenannte Zahl (im Gegensatz zum Winkel in der Trigonometrie, bei der z. B. der rechte Winkel 90° hat), so ist der Raumwinkel das Verhältnis einer Fläche auf einer Kugel zum Quadrat des Radius $\left(\omega = \dfrac{F}{r^2}\right)$, ebenfalls eine unbenannte Zahl. Die Oberfläche der Kugel ist $F = 4\,\pi\,r^2$, der Raumwinkel der Kugel also $\dfrac{4\,\pi\,r^2}{r^2} = 4\,\pi = 12{,}566$.

Lichtstärke J_o und die mittlere untere halbräumliche (hemisphärische) Lichtstärke J_u, je nachdem, ob die mittlere Lichtstärke im gesamten Raum oder über oder unter der waagerechten Ebene durch die Lichtquelle betrachtet wird.

Leuchtdichte (B) einer Lichtquelle ist das Verhältnis ihrer Lichtstärke in Richtung zum Auge des Beschauers zu der scheinbar leuchtenden Fläche der Lichtquelle.

Die Einheit der Leuchtdichte »Stilb« (sb) wird erhalten, wenn von einer 1 cm² großen ebenen Fläche die Lichtstärke 1 HK in senkrechter Richtung ausgestrahlt wird.

$$\text{Leuchtdichte} = B = \frac{J}{f \cdot \cos \alpha} \quad \text{Einheit: Stilb} = sb$$

(f = Fläche in cm²; α = Ausstrahlungswinkel)

Die leuchtende Fläche der Lichtquelle ist f; für den unter einem Winkel $(R - \alpha)$ in die Lichtquelle sehenden Beschauer ist aber die Fläche der Lichtquelle = f', die scheinbar leuchtende Fläche.

Es ist:

$$\cos \alpha = \frac{f'}{f}$$

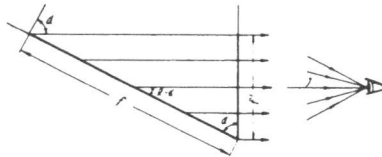

Abb. 6.

daher: $\qquad f' = f \cdot \cos \alpha$;

wird $\qquad \alpha = 0$,

dann ist $\qquad f = f'$ (cos $\alpha = 1$; senkrechte Ausstrahlung).

Die Leuchtdichten B für verschiedene Lichtquellen sind in Zahlentafel 2 im Anhang angegeben.

Beispiel 1: Ein 3 flammiger Einbaubrenner strahlt unter einem Winkel von 50° 240 HK aus. Wie stark ist für den in gleicher Richtung in das Geleucht sehenden Beschauer die Leuchtdichte des Geleuchtes, wenn die Glühkörper 23 mm Gewebelänge haben?

$$B = \frac{J}{f \cdot \cos \alpha}; \quad f \cdot \cos \alpha = f'$$

$$B = \frac{J}{f'};$$

da es sich um 3 Glühkörper handelt, wird B des Geleuchtes

$$B = \frac{J}{3 \cdot f'}$$

f' aus Zeichnung (Abb. 7) ermittelt = 9 cm² je Glühkörper.

$$B = \frac{240}{3 \cdot 9} = \frac{240}{27}$$

$$B = 8,9 \text{ sb.}$$

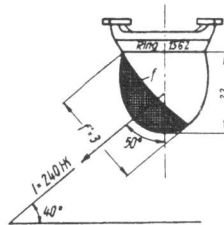

Abb. 7.

Lichtausbeute (η) einer Lichtquelle ist das Verhältnis des von dieser Lichtquelle ausgesandten Gesamtlichtstromes zur zugeführten Leistung. Sie wird in Lumen für 1 Kilokalorie (lm/kcal) oder in Lumen für 1 Watt (lm/W) gemessen.

$$\text{Lichtausbeute } \eta = \frac{\text{lm}}{\text{kcal}} \text{ oder } \frac{\text{lm}}{\text{W}}.$$

Lichtmenge (Q) (Lichtarbeit) einer Lichtquelle ist das Produkt aus ihrem Lichtstrom und der Zeit, während der der Lichtstrom ausgestrahlt wird. Die Einheit der Lichtmenge ist die Lumenstunde (lmh).

Beleuchtungsstärke (E) ist das Verhältnis des auf eine Fläche auffallenden Lichtstromes zu der Größe der Fläche. Die Einheit der Beleuchtungsstärke heißt Lux (lx). Sie ist der Lichtstrom 1 lm auf die Fläche von 1 m².

$$\text{Beleuchtungsstärke} = E = \frac{\Phi}{F} \qquad \text{Einheit: Lux} = \text{lx.}$$

Zusammenstellung.

	Zeichen	Einheit	Abkürzung
Lichtstrom	Φ	Lumen	lm
Lichtstärke	$J = \dfrac{\Phi}{\omega}$	Hefner-Kerze	HK
Leuchtdichte	$B = \dfrac{J}{f \cdot \cos \alpha}$	Stilb	sb oder HK/cm²
Lichtausbeute. . . .	η		lm/kcal lm/W
Lichtmenge	Q	Lumenstunde	lmh
Beleuchtungsstärke .	$E = \dfrac{\Phi}{F}$	Lux	lx oder $\dfrac{\text{lm}}{\text{m}^2}$

Für die Berechnung von Beleuchtungsanlagen sind noch folgende Umrechnungen (Ableitungen) erforderlich.

Es ist die Lichtstärke:

$$J = \frac{\Phi}{\omega} \text{ daraus folgt } \Phi = J \cdot \omega;$$

die Beleuchtungsstärke:

$$E = \frac{\Phi}{F} \text{ oder } \Phi = E \cdot F.$$

Es ist also: $\Phi = J \cdot \omega = E \cdot F$.

Da nun $F = r^2 \cdot \omega$ ist (s. S. 12 Anm. 1), so folgt

$$E = \frac{J \cdot \omega}{F} = \frac{J \cdot \omega}{r^2 \ \omega} = \frac{J}{r^2}.$$

Die Beleuchtungsstärke nimmt also mit dem Quadrat des Abstandes der Fläche von der Lichtquelle ab (Abb. 8).

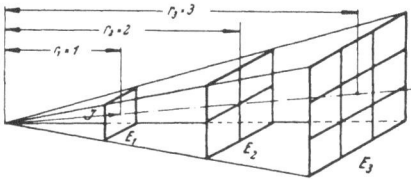 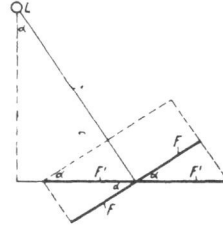

Abb. 8. Abb. 9.

Die Beleuchtungsstärke, die durch einen auf die beleuchtete Fläche senkrecht auftreffenden Strahl erzielt wird, bezeichnet man als Normalbeleuchtungsstärke E_n.

$$E_n = \frac{J}{r^2}.$$

In den meisten Fällen trifft aber der Strahl schräg auf die beleuchtete Fläche und dadurch ändert sich die Beleuchtungsstärke mit dem Kosinus des Ausstrahlungswinkels α (Abb. 9).

Es ist für die senkrecht beleuchtete Fläche F:

$$E_n = \frac{\Phi}{F}$$

für die schräg beleuchtete Fläche F':

$$E' = \frac{\Phi}{F'}$$

Es ist ferner

$$\cos \alpha = \frac{F}{F'}$$

oder

$$F' = \frac{F}{\cos \alpha}$$

F' eingesetzt ergibt:

$$E' = \frac{\Phi}{F} \cdot \cos \alpha$$

für

$$\frac{\Phi}{F} = E_n$$

eingesetzt wird

$$E' = E_n \cdot \cos \alpha.$$

Da aber

$$E_n = \frac{J_\alpha}{r^2}$$

ist, ist auch

$$E' = \frac{J_\alpha}{r^2} \cdot \cos \alpha.$$

Wird $\alpha = 0^0$ und damit $\cos \alpha = 1$, so ist $E = \dfrac{J_\alpha}{r^2}$ (senkrechte Aus-strahlung).

Die ermittelte Normalbeleuchtungsstärke $E_n = \dfrac{J_\alpha}{r^2}$ auf der Fläche F läßt sich in eine waagerechte E_w und eine senkrechte Beleuchtungsstärke E_s zerlegen (Abb. 10).

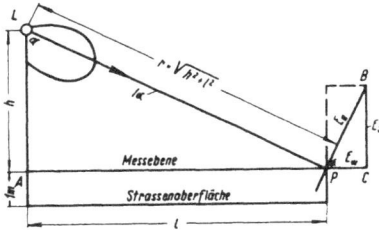

Es ist:

$$\frac{E_w}{E_n} = \cos \alpha$$

oder

$$E_w = \frac{J_\alpha}{r^2} \cdot \cos \alpha \quad . \ . \ (1)$$

ferner ist:

$$\frac{E_s}{E_n} = \sin \alpha$$

oder

$$E_s = \frac{J_\alpha}{r^2} \cdot \sin \alpha \quad . \ . \ (2)$$

Abb. 10.

Durch weitere Umformung sind die nachstehenden für die Berechnung von Beleuchtungsanlagen oft notwendigen Formeln entstanden:

$$E_w = J_\alpha \cdot \frac{h}{(\sqrt{h^2 + l^2})^3} \quad \ldots \ldots \ldots \quad (3)$$

$$E_w = \frac{J_\alpha \cdot \cos^3 \alpha}{h^2} \quad \ldots \ldots \ldots \quad (4)[1]$$

$$E_w = \frac{J_\alpha \cdot \sin^2 \alpha \cdot \cos \alpha}{l^2} \quad \ldots \ldots \quad (5)$$

$$E_s = J_\alpha \cdot \frac{l}{(\sqrt{h^2 + l^2})^3} \quad \ldots \ldots \ldots \quad (6)$$

$$E_s = \frac{J_\alpha \cdot \sin^3 \alpha}{l^2} \quad \ldots \ldots \ldots \quad (7)$$

$$E_s = \frac{J_\alpha \cdot \sin \alpha \cdot \cos^2 \alpha}{h^2} \quad \ldots \ldots \ldots \quad (8)$$

Beispiel 2: Ein Geleucht habe unter dem Winkel α eine Lichtstärke $J_\alpha = 250$ HK. Wie groß ist die normale (E_n), waage-rechte (E_w) und senkrechte (E_s) Beleuchtungsstärke im Abstand $l = 4$ m, wenn die Lichtmeß-höhe (h) $= 3$ m beträgt? (Abb. 11). Normalbeleuchtung:

$$E_n = \frac{J_\alpha}{r^2} = \frac{J_\alpha}{h^2 + l^2} = \frac{250}{3^2 + 4^2} = \frac{250}{25} = 10 \text{ lx}$$

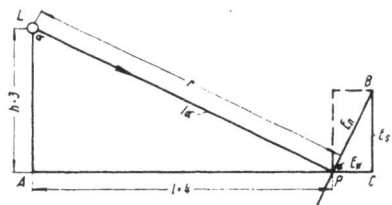

Abb. 11.

[1] Werte von $\cos^3 \alpha$ siehe Anhang Zahlentafel 1.

Waagerechtbeleuchtung:

$$E_w = \frac{J a}{h^2 + l^2} \cdot \cos \alpha = E_n \cdot \cos \alpha$$

$$\cos \alpha = \frac{h}{r} = \frac{3}{5}, \text{ mithin } E_w = \frac{10 \cdot 3}{5} = 6 \text{ lx}$$

Senkrechtbeleuchtung:

$$E_s = \frac{J a}{h^2 + l^2} \cdot \sin \alpha = E_n \cdot \sin \alpha$$

$$\sin \alpha = \frac{l}{r} = \frac{4}{5} \cdot$$

Mithin ist

$$E_s = \frac{10 \cdot 4}{5} = 8 \text{ lx.}$$

Der Ausstrahlungswinkel α ergibt sich aus

$$\cos \alpha = \frac{h}{r} = \frac{3}{5} \text{ zu } 53^\circ 8'.$$

Beispiel 3: Ein 3 flammiger Einbaubrenner strahlt unter einem Winkel von 60° 228 HK aus. Wie groß ist die Beleuchtungsstärke im Punkte P, wenn die Lichtpunkthöhe 4,5 m beträgt? (Abb. 12)

Bei einer Lichtpunkthöhe $H = 4,5$ m ist die Lichtmeßhöhe $h = 3,5$ m. Dann ist

$$E_n = \frac{J}{h^2 + l^2} = \frac{228}{3,5^2 + 6,06^2}$$
$$= 4,7 \text{ lx}$$

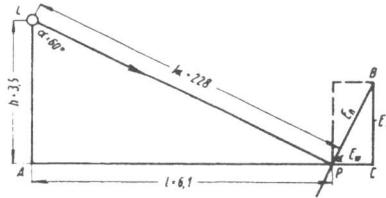

Abb. 12.

$$E_w = \frac{J \cdot \cos^3 \alpha}{h^2} = \frac{228 \cdot 0,5^3}{3,5^2} = 2,4 \text{ lx}$$

$$E_s = \frac{J \cdot \sin \alpha \cdot \cos^2 \alpha}{h^2} = \frac{228 \cdot 0,866 \cdot 0,25}{3,5^2} = 4,0 \text{ lx.}$$

Leuchtdichte einer rückstrahlenden Fläche. Eine beleuchtete Fläche strahlt Licht aus und hat infolgedessen auch eine Leuchtdichte. Die Leuchtdichte B einer beleuchteten Fläche hängt von der Beleuchtungsstärke E und dem Rückstrahlungsvermögen ϱ ab. Die Einheit für die Leuchtdichte einer beleuchteten Fläche ist das Apostilb (asb).

Leuchtdichte $B = E \cdot \varrho$ asb   Einheit Apostilb = asb

Aus praktischen Gründen wird mit Apostilb gerechnet, weil dadurch kleinere Zahlen erhalten werden.

Es ist:

$$1 \text{ asb} = \frac{1}{\pi \cdot 10000} \text{ sb}$$

Werte für das Rückstrahlvermögen ϱ sind in der Zahlentafel 3 im Anhang enthalten.

Beispiel 4: An einer Stelle einer beleuchteten Betonstraße wird eine waagerechte Beleuchtungsstärke von 15 lx gemessen. Wie groß ist die Leuchtdichte dieser Stelle, wenn der Reflexionsgrad der trockenen Betondecke 30 % ist?

2

$$B = \frac{E \cdot \varrho}{t \cdot 10000} \text{ sb} = E \cdot \varrho \text{ asb}$$

$$= \frac{15 \cdot 0{,}30}{t \cdot 10000} \text{ sb} = 0{,}000143 \text{ sb}$$

$$= 15 \cdot 0{,}3 \text{ asb} \quad = 4{,}5 \text{ asb.}$$

Beispiel 5: Ein Haus mit hellem Putz wird angestrahlt, $E_s = 165$ lx, das Reflexionsvermögen sei $\varrho = 45\,\%$. Wie groß ist die Leuchtdichte B?

$$B = E \cdot \varrho$$
$$= 165 \cdot 0{,}45$$
$$B = 74 \text{ asb.}$$

Außer den in den vorstehenden Abschnitten behandelten Grundgrößen sind in der Lichttechnik noch folgende Begriffe gebräuchlich:

Blendung ist eine Überbeanspruchung der Netzhaut durch zu starke Lichtquellen oder stark reflektierende beleuchtete Flächen. Die Blendung setzt die Leistungsfähigkeit des Auges herab und bewirkt praktisch dasselbe wie eine zu geringe Leuchtdichte: kein schnelles und klares Erkennen der Gegenstände.

Der Bergsteiger, der Schneeschuhläufer nehmen bei grellem Sonnenschein Schutzbrillen, durch die ein Teil des Lichtes verschluckt wird. Bei der dadurch hervorgerufenen Verringerung der Blendung kann er die Gegenstände besser erkennen.

Bei künstlicher Beleuchtung kann die Blendung von Lichtquellen mit zu hoher Leuchtdichte durch Verwendung lichtstreuender Gläser auf ein erträgliches Maß zurückgeführt werden (s. S. 20).

Nach DIN 5035[1] »Leitsätze für die Beleuchtung mit künstlichem Licht« sollen bei Geleuchten folgende Werte der Leuchtdichte nicht überschritten werden:

bei Geleuchten für Arbeitsplatzbeleuchtung:
0,2 Stilb im Ausstrahlungsbereich zwischen 75° und 180° (gezählt von der Senkrechten nach unten als Nullachse);
bei Geleuchten für Allgemeinbeleuchtung:
0,3 Stilb im Ausstrahlungsbereich zwischen 30° und 90°;
bei Geleuchten für Außenbeleuchtung:
2 Stilb im Ausstrahlungsbereich zwischen 60° und 90°.

Gleichmäßigkeit der Beleuchtung. Genau wie eine zu große Beleuchtungsstärke kann auch eine zu große Ungleichmäßigkeit der Beleuchtung Ermüdung der Augen und damit unsicheres Arbeiten zur Folge haben.

Hat der schlechtest beleuchtete Punkt einer beleuchteten Fläche die Minimalbeleuchtungsstärke E_{min}, der am besten beleuchtete die Maximalbeleuchtungsstärke E_{max}, so ist das Verhältnis von E_{min} zu E_{max} ein Maß für die Gleichmäßigkeit der Beleuchtung.

$$\text{Gleichmäßigkeit der Beleuchtung} = \frac{E_{min}}{E_{max}}.$$

Die mittlere Beleuchtungsstärke E_m ist das Mittel aus den einzelnen Beleuchtungsstärken einer beleuchteten Fläche.

Bei der Außenbeleuchtung richtet sich die Gleichmäßigkeit nach der Verkehrsstärke und dem Straßenbelag. Stark befahrene Asphalt-

---

[1] Alleinvertrieb der Normblätter durch Beuth-Verlag G. m. b. H., Berlin SW 19.

straßen müssen eine andere Gleichmäßigkeit haben als Steinpflaster und dieses wiederum eine andere als Holzpflaster oder Sandboden.

Im allgemeinen können bei Hauptverkehrsstraßen Werte von 1:4 bis 1:15 erreicht werden. In Nebenstraßen sind für die Gleichmäßigkeit der Beleuchtung Werte von 1:20 bis 1:50 anzustreben.

Beispiel 6: Ein Platz soll mit zwei 9 fl. Hängegeleuchten so beleuchtet werden, daß im Punkt P eine Mindestbeleuchtung von 1 lx und möglichst gleichmäßige Gesamtbeleuchtung vorhanden ist. Wie hoch müssen die Geleuchte hängen, wenn der Geleuchtabstand von Lichtpunkt zu Lichtpunkt $l = 24$ m beträgt und der entsprechende Abstand des Punktes P $l_1 = 12$ m und $l_2 = 30$ m ist? (Abb. 13).

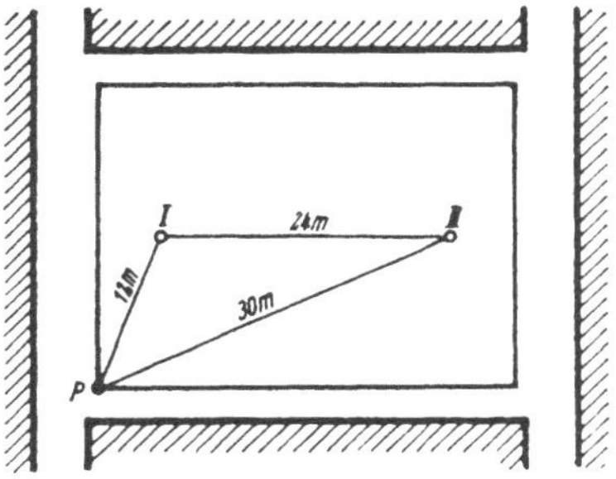

Zur Vereinfachung der Berechnung wird angenommen, daß die Lichtverteilungskurve der unteren Halbkugel gleichmäßig $J = 630$ HK ergibt; dann ist die Waagerechtbeleuchtung

$$E_w = \frac{J \cdot \cos^3 \alpha}{h^2} \text{ (vgl. S. 16 unter 4).}$$

In dieser Gleichung sind zwei Unbekannte, und zwar α und h.

Einsetzen von $\cos \alpha = \dfrac{h}{r}$ ergibt:

$$E_w = \frac{J \cdot h}{\left(\sqrt{l^2 + h^2} \right)^3};$$

die Lösung dieser Gleichung wird am einfachsten durch probeweises Einsetzen von h gefunden.

Abb. 13.

1. $h = 3$ m

$$E_{w\,1} = \frac{630 \cdot 3}{\sqrt{30^2 + 3^2}\,^3} = \frac{1890}{\sqrt{909}\,^3} = \frac{1890}{27400} = 0{,}07 \text{ lx}$$

$$E_{w\,2} = \frac{630 \cdot 3}{\sqrt{12^2 + 3^2}\,^3} = \frac{1890}{\sqrt{153}\,^3} = \frac{1890}{1910} = 0{,}99 \text{ lx}$$

$$E_{w\,1} + E_{w\,2} = 0{,}069 + 0{,}99 = 1{,}06 \text{ lx.}$$

2. $h = 4$ m

$$E_{w\,1} = \frac{630 \cdot 4}{\sqrt{30^2 + 4^2}\,^3} = \frac{2520}{\sqrt{916}\,^3} = \frac{2520}{27800} = 0{,}0005$$

$$E_{w\,2} = \frac{630 \cdot 4}{\sqrt{12^2 + 4^2}\,^3} = \frac{2520}{\sqrt{160}\,^3} = \frac{2520}{2020} = 1{,}25$$

$$E_{w\,1} + E_{w\,2} = 1{,}34 \text{ lx.}$$

3. $h = 5$ m

$$E_{w\,1} = \frac{630 \cdot 5}{\sqrt{30^2 + 5^2}\,^3} = \frac{3150}{28200} = 0{,}112 \text{ lx}$$

$$E_{w\,2} = \frac{630 \cdot 5}{\sqrt{12^2 + 5^2}\,^3} = \frac{3150}{\sqrt{169}\,^3} = \frac{3150}{2200} = 1{,}43 \text{ lx}$$

$$E_{w\,1} + E_{w\,2} = 0{,}112 + 1{,}43 = 1{,}542 \text{ lx.}$$

Bei einer Lichtmeßhöhe von:

$h = 3$ m ist die Beleuchtungsstärke am Punkt $P = 1{,}06$ lx
$h = 4$ » » » » » » » $P = 1{,}34$ »
$h = 5$ » » » » » » » $P = 1{,}54$ »

2*

Bei 3 m ist also bereits die verlangte Mindestbeleuchtung überschritten. Die Gleichmäßigkeit der Beleuchtung wird in diesem Fall:

$$E_{max} = \frac{630}{3^2} = 70 \text{ lx}$$

$$E_{min} = \qquad 1,06 \text{ lx}$$

$$\text{Gleichmäßigkeit } \frac{E_{min}}{E_{max}} = \frac{1,06}{70} = \frac{1}{70}.$$

Wird als Lichtmeßhöhe $h = 4$ m (Lichtpunkthöhe $H = 5$ m) gewählt, so wird die Gleichmäßigkeit

$$\frac{E_{min}}{E_{max}} = \frac{1,34}{\frac{630}{4^2}} = \frac{1}{30}.$$

Mit Rücksicht auf die bessere Gleichmäßigke t der Beleuchtung wird $h = 4$ m gewählt.

Schattigkeit. Völlige Schattenlosigkeit erschwert das Erkennen von Gegenständen und ist deshalb, von Sonderfällen abgesehen, zu vermeiden.

Schlagschatten können ebenfalls das leichte Erkennen von Gegenständen erschweren. Die Beleuchtungsstärke des abgeschatteten Anteils zu der ohne Überschattung vorhandenen Beleuchtungsstärke an jener Stelle wird die »Schattigkeit der Beleuchtung« genannt.

4. Lichtverteilung.

Bei einem leuchtenden Punkt sind die in alle Richtungen des Raumes ausgesandten Lichtstärken gleich. Werden diese Lichtstärken als Strecken auf den Lichtstrahlen aufgetragen, so ist die die Streckenenden abschließende Fläche eine Kugelfläche. Die so entstandene Kugel stellt den »Lichtverteilungskörper« dar. Eine durch den Kugelmittelpunkt gelegte Ebene veranschaulicht als Kreis die Lichtverteilung eines leuchtenden Punktes.

Es gibt aber keine punktförmigen Lichtquellen, alle künstlichen Lichtquellen haben eine räumliche Ausdehnung, und ihre Lichtausstrahlung in den Raum weicht mehr oder weniger von der einer punktförmigen (theoretischen) Lichtquelle ab. Wird die Lichtstärke einer künstlichen Lichtquelle als Strahlen vom Mittelpunkt der Lichtquelle aus aufgetragen, so schließt nicht mehr eine Kugeloberfläche die Streckenenden ab, sondern die Oberfläche eines völlig anders gestalteten Körpers. Durch Einzeichnen der unter verschiedenen Winkeln in einer senkrechten Ebene gemessenen Lichtstärken in ein Polarkoordinatensystem entsteht eine »Lichtverteilungskurve«. Ist die Lichtquelle nach allen Seiten symmetrisch, so entsteht durch Drehung der senkrechten Ebene um die Nullachse der Lichtverteilungskörper.

Praktisch wird die Lichtverteilungskurve einer Lichtquelle durch Photometrieren in Winkelabständen von 10 zu 10° erhalten. In Abb. 14 bis 16 sind die Lichtverteilungskurven für 4 verschiedene Geleuchte wiedergegeben.

Die Lichtverteilungskurve gibt auch Aufschluß darüber, für welchen bestimmten Zweck sich das Geleucht eignet. Entsprechend den Erfordermüssen wird das Geleucht so ausgebildet, daß das Licht nur in bestimmte Richtungen ausstrahlen kann.

Aus der Lichtverteilungskurve Abb. 14 des Stehlichtbrenners ist zu erkennen, daß er zur Beleuchtung senkrechter Flächen gut geeignet war

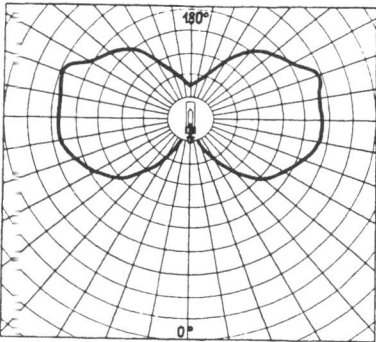

Abb. 14. Lichtverteilungskurve eines Stehlichtbrenners.

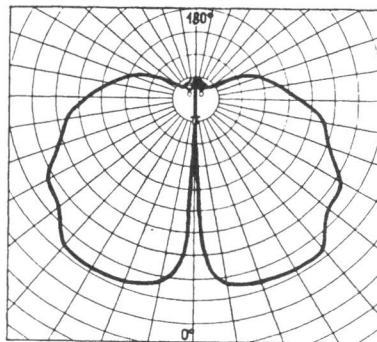

Abb. 15. Lichtverteilungskurve eines Einbaubrenners.

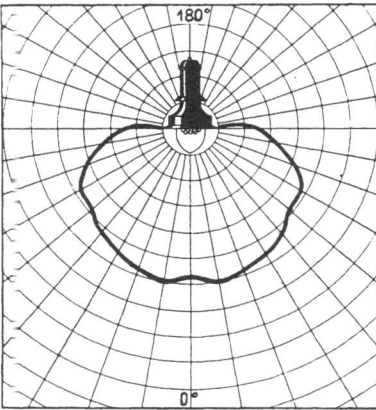

Abb. 16. Lichtverteilungskurve eines Gruppenbrenner-Hängegeleuchtes.

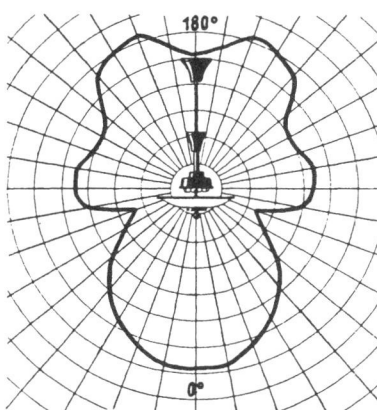

Abb. 17. Lichtverteilungskurve eines Raumgeleuchtes.

und auch noch genügend Licht nach oben auf die Raumdecke sandte, daß er aber ohne Schirm sich wenig oder gar nicht zur Beleuchtung einer waagerechten Fläche unterhalb des Brenners eignete.

Das Gegenstück dazu ist der Hängelichtbrenner; aus den Abb. 15 und 16 ist sofort zu erkennen, daß mit ihm eine ausgezeichnete Beleuchtung

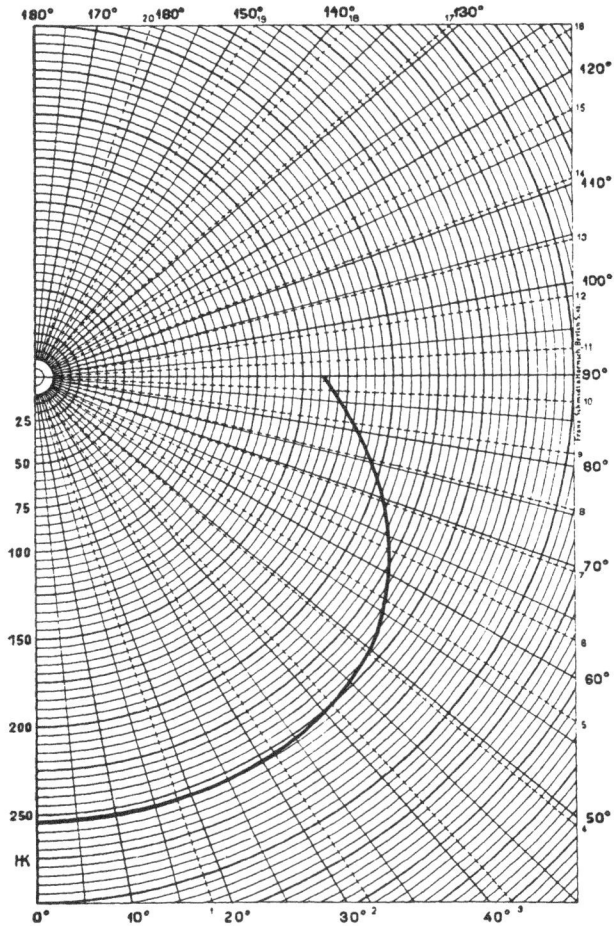

Anmerkung: Der Gesamtlichtstrom ist das 0,628 fache der Summe der Lichtstärken auf den zwanzig gestrichelt eingezeichneten Radien (1—20). Die Lichtströme innerhalb eines beliebigen Winkelbereiches sind ebenfalls das 0,628 fache der Summe der Lichtstärken auf den gestrichelt eingezeichneten Radien, die innerhalb des betreffenden Winkelbereiches liegen.

Die **mittlere sphärische** Lichtstärke ist $\frac{1}{20}$ der Summe der Lichtstärken auf den **zwanzig** gestrichelt eingezeichneten Radien (1—20).

Die **mittlere untere hemisphärische** Lichtstärke ist $\frac{1}{10}$ der Summe der Lichtstärken auf den **zehn** gestrichelt eingezeichneten Radien (1—10) **unterhalb der Horizontalen.**

Franz Schmidt & Haensch, Berlin S 42

Abb. 18. Lichtstrompapier, mit Lichtverteilungskurve eines 3 flammigen Einbaubrenners.

waagerechter Flächen möglich ist und daß auch bei Innenbeleuchtung der untere Teil senkrechter Raumwände Licht erhält, daß aber wenig Licht nach oben geworfen wird. Durch geeignete Schirme oder durch streuende Glasglocken kann das Licht in bestimmte Richtungen gelenkt werden, so daß auch mit einem Hängelichtbrenner eine ausreichende Beleuchtung sowohl der oberen Wandteile als auch der Decke möglich ist (Abb. 17).

Die von den Kurven eingeschlossenen Flächen geben ohne weiteres kein Maß für den ausgesandten Lichtstrom des Geleuchtes. Bei einer Aufteilung der Kugeloberfläche in Zonen, die jeweils in Bereichen von 10 zu 10⁰ liegen, ergeben sich verschieden große Flächen und damit auch verschieden große Teillichtströme. Die Oberfläche muß daher so aufgeteilt werden, daß jeweils gleich große Raumwinkel und damit gleich große Flächenabschnitte entstehen. Im allgemeinen werden für die Kugel 20 Raumwinkel gewählt, 10 für die untere und 10 für die obere Kugelhälfte. Diesen Raumwinkeln entsprechen die geometrischen Winkel:

Für die untere Lichtkugelhälfte:

18,2⁰; 31,8⁰; 41,4⁰; 49,5⁰; 56,7⁰; 63,3⁰; 69,5⁰; 75,5⁰; 81,4⁰; 87,2⁰.

Für die obere Lichtkugelhälfte:

92,8⁰; 98,6⁰; 104,5⁰; 110,5⁰; 116,7⁰; 123,3⁰; 130,5⁰; 138,5⁰ 148,2⁰; 161,8⁰.

Diese Winkel sind in dem Lichtstrompapier der Firma Franz Schmidt & Haensch, Berlin, eingetragen (Abb. 18). Die Lichtstärken unter diesen Winkeln werden addiert, der Mittelwert, multipliziert mit 4 π, gibt dann den Gesamtlichtstrom. Das Mittel aus den 10 Werten der unteren Lichtkugelhälfte mit 2 π multipliziert gibt den Lichtstrom in der unteren Lichtkugelhälfte (Abb. 18). In gleicher Weise entsteht aus dem Mittelwert der 10 oberen Einzelwerte und Multiplikation mit 2 π der Lichtstrom in der oberen Lichtkugelhälfte.

5. Lichtfarbe.

Nach der spektralen Zusammensetzung des Lichtes haben die künstlichen Lichtquellen eine kennzeichnende Farbe. Bekannt ist beispielsweise die gelbliche Farbe des Gasglühlichtes und die etwas mehr rötliche Farbe des Glühlampenlichtes. Das Streben bei der Erzeugung künstlichen Lichtes muß dahin gehen, seine Farbe dem natürlichen soweit wie möglich anzupassen. Die nachstehende Zahlentafel von Professor Voege stellt einen Vergleich der Lichtstärke in den verschiedenen Farben dar, bezogen auf

Spektral-bezirk	Tageslicht			Gas-glüh-licht	elektr. Glühlampen		
	bedeckter Himmel	blauer Himmel	Sonnen-licht		Kohle-faden-Lampe	Wolf-ram-Lampe	Gas-füllungs-Lampe
blau	1,00	1,65	0,65	0,23	0,20	0,23	0,42
grün	1,00	1,33	0,85	0,89	0,79	0,86	0,97
gelbgrün . .	1,00	1,00	1,00	1,00	1,00	1,00	1,00
rot	1,00	0,77	0,90	1,20	1,76	1,63	1,49
dunkelrot .	1,00	0,65	0,80	1,13	2,70	2,10	1,89

die für Tageslicht bei bedecktem Himmel geltenden Werte, vorausgesetzt, daß alle Lampen im gelb-grünen Spektralbereich gleich stark strahlen. In den letzten Jahren ist eine ganze Reihe von Verfahren ausgearbeitet worden, die gestatten, die Lichtfarbe zu messen und objektiv richtige Vergleichswerte zu ermitteln.

II. Beleuchtungstechnische Grundlagen.

1. Erforderliche Beleuchtungsstärke.

a) Innenbeleuchtung. Um eine gute Beleuchtung zu erhalten, sind Beleuchtungsstärke, Schattigkeit, Gleichmäßigkeit, Leuchtdichte und Lichtfarbe den Ansprüchen der zu verrichtenden Arbeit, dem Verwendungszweck des Raumes und der Betriebssicherheit anzupassen.

Die Beleuchtung ist entweder eine reine Allgemeinbeleuchtung oder Arbeitsplatzbeleuchtung mit zusätzlicher Allgemeinbeleuchtung. Reine Allgemeinbeleuchtung empfiehlt sich aus wirtschaftlichen Gründen nur dort, wo gröbere oder höchstens mittelfeine Arbeiten ausgeführt werden. Sind feine und sehr feine Arbeiten auszuführen, die eine sehr hohe Beleuchtungsstärke für gutes und rasches Erkennen erforderlich machen, so ist es zweckmäßiger, Arbeitsplatzbeleuchtung durchzuführen und daneben eine Allgemeinbeleuchtung, wie sie zur Übersichtlichkeit und Erhaltung der Betriebssicherheit im Raume gerade ausreichend ist. Die Durchführung reiner Arbeitsplatzbeleuchtung ist unzweckmäßig, weil zwar die Arbeitsplätze stark beleuchtet sind, die Gänge zwischen den Plätzen, Wände und Decken aber im Dunkeln bleiben. Der Zwang für das Auge, sich bei jeder Bewegung an andere Helligkeitsverhältnisse anpassen zu müssen, führt zu rascher Ermüdung und Beeinträchtigung seiner Leistungsfähigkeit. Die ungenügende Beleuchtung des gesamten Raumes vermindert die Übersichtlichkeit und Aufsicht, begünstigt dafür aber Unsauberkeit und Unordnung. Die kleine Ersparnis an Beleuchtungskosten wirkt sich also nur verschlechternd auf die Arbeitsgüte und Arbeitsmenge aus; sie ist im höchsten Grade unwirtschaftlich.

Die erforderlichen Beleuchtungsstärken sind in DIN 5035 festgelegt und werden nachstehend auszugsweise wiedergegeben. Die Werte gelten

1. Arbeitsstätten einschl. Schulen.

Art der Arbeit	Reine Allgemeinbeleuchtung			Arbeitsplatzbeleuchtung u. Allgemeinbeleuchtung		
	Mittlere Beleuchtungsstärke		Beleuchtungsstärke der ungünstigsten Stelle	Arbeitsplatzbeleuchtung Beleuchtungsstärke der Arbeitsstelle	Allgemeinbeleuchtung	
	Mindestwert	Empfohl. Wert			Mittlere Beleuchtungsstärke	Beleuchtungsstärke der ungünstigsten Stelle
	Lux	Lux	Lux	Lux	Lux	Lux
Grobe	20	40	10	50—100	20	10
Mittelfeine . .	40	80	20	100—300	30	15
Feine	75	150	50	300—1000	40	20
Sehr feine . .	150	300	100	1000—5000	50	30

2. In Aufenthalts- und Wohnräumen.

(Die Werte gelten für mittlere Reflexion der Raumauskleidung — 40 bis 60% bei Allgemeinbeleuchtung für eine waagerechte Ebene 1 m über dem Fußboden, bei Arbeitsplatzbeleuchtung für den Arbeitsplatz.)

Art der Ansprüche	Reine Allgemeinbeleuchtung Mittlere Beleuchtungsstärke		Beleuchtungs-stärke der un-günstigsten Stelle Mindestwert
	Mindestwert	Empfohlener Wert	
	Lux	Lux	Lux
Niedrige . .	20	40	10
Mittlere . .	40	80	20
Hohe	75	150	50

Bei Tageslichtbeleuchtung sollen die in den vorstehenden Zahlentafeln aufgeführten empfohlenen Werte für den Arbeitsplatz gelten. Ist dessen Lage noch nicht bekannt (z. B. bei der Planung), so gelten diese Werte für die Waagerechtbeleuchtung 1 m über dem Fußboden, und zwar:

1. bei Glasdächern für Raummitte,

2. bei Seitenfenstern für den Punkt auf der Mittelachse des Raumes, der von der Fensterwand 2 m entfernt ist.

Werden die angegebenen Werte nicht erreicht, so muß künstliche Beleuchtung benutzt werden.

b) Straßen- und Platzbeleuchtung. Große Unterschiede der Beleuchtungsstärken auf Straßen und Plätzen führen, wie bei der Innenbeleuchtung, durch den Zwang für das Auge, sich dauernd anderen Helligkeitsverhältnissen anpassen zu müssen, zu rascher Ermüdung und damit zur Verkehrsunsicherheit. Es sei daran erinnert, daß bei Vollmond nur eine Beleuchtungsstärke von 0,3 lx vorhanden ist, aber trotzdem wegen der vollkommenen Gleichmäßigkeit der Beleuchtung und des Fehlens jeder Blendung ein weit stärkerer Verkehr möglich ist als bei der künstlichen Beleuchtung einer Straße mit einer mittleren Beleuchtungsstärke von 0,3 lx.

Auch die in der nachstehenden Zahlentafel zusammengestellten Werte für die Beleuchtungsstärken bei Verkehrsanlagen gelten nur für die Waagerechtbeleuchtung, und zwar in 1 m Höhe über Straßenoberfläche u. dgl. Diese Festlegung auf eine 1 m über der zu beleuchtenden Fläche liegenden Meßebene ist dadurch entstanden, daß eine unmittelbare Messung auf der Straßenoberfläche nicht durchführbar ist. Besonders in früheren Jahren, als die Leitsätze für die Bewertung der Beleuchtung und die Meßmethoden aufgestellt worden sind, war für die Bedienung der damaligen subjektiven Beleuchtungsmesser (s. S. 28) eine Höhe von 1 m erforderlich. Nachdem nun aber auch brauchbare objektive Beleuchtungsmesser auf dem Markt sind, stünde einer Messung der Waagerechtbeleuchtungsstärke in etwa 5 bis 10 cm Höhe über der Straßenoberfläche, was den Verkehrsbedürfnissen entgegenkommen würde, eigentlich nichts mehr

DIN 5035 gibt für Verkehrsanlagen folgende Werte an:

	Mittlere Beleuchtungsstärke		Beleuchtungsstärke der ungünstigsten Stelle	
	Mindest-wert	Empfohlener Wert	Mindest-wert	Empfohlener Wert
	Lux	Lux	Lux	Lux
a) Straßen und Plätze				
mit schwachem Verkehr	1	3	0,2	0,5
mit mittlerem »	3	8	0,5	2
mit starkem »	8	15	2	4
mit stärkstem »				
in Großstädten	15	30	4	8
b) Durchgänge und Treppen[1])				
mit schwachem Verkehr	5	15	2	5
mit starkem »	10	30	5	10
c) Bahnanlagen				
Gleisfelder				
mit schwachem Verkehr	0,5	1,5	0,2	0,5
mit starkem »	2	5	0,5	2
Bahnsteige, Verladestellen, Durch-gänge und Treppen[1])				
mit schwachem Verkehr	5	15	2	5
mit starkem »	10	30	5	10
d) Wasserverkehrsanlagen, Kai-anlagen, Landestellen, Schleusen				
mit schwachem Verkehr	1	3	0,3	1
mit starkem »	5	15	2	5
e) Fabrikhöfe				
mit schwachem Verkehr	1	3	0,3	1
mit starkem »	5	15	2	5

Bei Verkehrsanlagen kann außerhalb der normalen Verkehrszeiten die mittlere Beleuchtungsstärke bis auf $1/_3$ vermindert werden.

[1]) Durchgänge und Treppen, die bei Tage ungünstig beleuchtet sind, müssen auch während der Tagesstunden genügend beleuchtet werden.

im Wege. Neben einer guten Waagerechtbeleuchtung ist aber bei Verkehrsanlagen auch Wert auf eine ausreichende Senkrechtbeleuchtung zu legen. Erst die Senkrechtbeleuchtung gestattet es dem Fahrer wie dem Fußgänger, vor ihm befindliche Fahrzeuge, Fußgänger oder sonstige Gegenstände rechtzeitig zu erkennen. Die Senkrechtbeleuchtung ist bei fast allen gegenwärtigen Straßengeleuchten unzureichend; die Forderung nach Erhöhung der Verkehrssicherheit ist gleichbedeutend mit einer Verbesserung der Senkrechtbeleuchtung. Die Mittel dazu werden weiter unten erläutert. Leider fehlt es bis jetzt noch an Richtlinien, die angeben, welche Beleuchtungsstärke für die Senkrechtbeleuchtung zweckmäßig ist, so wie

sie für die Waagerechtbeleuchtung bereits festgesetzt ist. Solange es daher noch keine bessere Bewertungsmöglichkeit für die Güte einer Verkehrs-
beleuchtung gibt, muß entsprechend den in den DIN-Blättern 5032 und
5035 festgelegten Vorschriften verfahren werden.

c) **Beleuchtungspflicht der Gemeinden.** Eine ausreichende
Beleuchtung der Straßen und Plätze ist auch in bezug auf die Haftpflicht
der Gemeinden von großer Bedeutung.

Die Rechtsprechung folgert die Pflicht der politischen Gemeinden
zur Beleuchtung der öffentlichen Wege aus der sog. Verkehrssicherungs-
pflicht, d. h. der Pflicht, für den verkehrssicheren Zustand der Ortsstraßen
einschließlich der Plätze und Brücken zu sorgen. Die Verkehrssicherungs-
pflicht erstreckt sich nicht nur auf die Pflicht der Stadt, die öffentlichen
Wege zu reinigen, sondern auch darauf, sie nach Maßgabe der Ortsver-
hältnisse zu beleuchten. Obwohl die Beleuchtung eine im Interesse des
Verkehrs und der Sicherheit durchzuführende polizeiliche Sicherheitsmaß-
nahme darstellt, steht die Rechtsprechung ganz allgemein auf dem Stand-
punkt, daß die Gemeinde die Kosten der öffentlichen Beleuchtung zu
tragen hat. In Preußen haben nach § 2 des Preuß. Polizeikostengesetzes
vom 2. August 1929 die Wegeunterhaltungspflichtigen die Kosten für die
Einrichtung und Unterhaltung aller im Interesse der Wichtigkeit und
Sicherheit des Verkehrs erforderlichen Einrichtungen, Anlagen und bau-
lichen Maßnahmen zu tragen.

Die genaue Kenntnis der einschlägigen Vorschriften und der gericht-
lichen Entscheidungen, von denen einige in ihren Hauptpunkten im Anhang wiedergegeben sind, ist für den Lichttechniker unbedingt erforderlich.
Nur dann wird es ihm möglich sein, seinen Forderungen nach Verbesserung der öffentlichen Beleuchtung den notwendigen Nachdruck zu geben.

2. Beleuchtungsmessung.

Die Messung der Waagerechtbeleuchtung unter Anwendung der sorg-
fältigsten Verfahren und empfindlichsten Meßgeräte genügt allein nicht,
um die Güte einer Beleuchtungsanlage zu beurteilen. Der auf den Beschauer ausgeübte Eindruck und seine subjektive Beurteilung sind nicht
ohne Bedeutung. Es ist zu beachten, daß besonders bei der Beurteilung
einer Anlage im Freien nicht nur die gemessenen Beleuchtungsstärken, sondern ebenso die Art der Fahrbahnoberfläche (Asphalt, Betondecke, Pflaster
usw.) und die damit verbundene auf Kontrastwirkung beruhende Erken-
nungsmöglichkeit von ruhenden oder sich bewegenden Gegenständen mit-
sprechen. Ferner ist die Senkrechtbeleuchtung bezüglich des Erkennens
der Beschriftung von Straßenbahnwagen, der Häuserfronten mit ihren
Hausnummern, Firmenschildern usw. von mindestens der gleichen Bedeutung.

Die meßtechnische Bewertung einer Beleuchtungsanlage im Freien
ist im allgemeinen schwieriger durchzuführen als die Messung in Innen-
räumen. Dieses ist schon in der Natur der Sache begründet, denn bei der
Beleuchtung im Freien handelt es sich vorwiegend um geringe Beleuch-

tungsstärken, und der selbst in den Nachtstunden kaum ruhende Verkehr in den Städten erfordert, daß die Messungen schnell und ohne lange Vorbereitungen durchgeführt werden.

Die Messungen erstrecken sich auf die Feststellung

1. der mittleren Waagerechtbeleuchtungsstärke nach DIN 5035 1 m über dem Boden (durch eine Reihe von Einzelmessungen im Mittelpunkt von gleichen Rechtecken, in welche man die Straßenoberfläche aufgeteilt hat),

2. der größten (E_{max}) und der geringsten (E_{min}) Beleuchtungsstärke zur Angabe der Gleichmäßigkeit = $E_{min} : E_{max}$.

3. der Senkrechtbeleuchtung in Fahrtrichtung (erwünscht, doch nicht erforderlich).

Außerdem ist gegebenenfalls die Schattigkeit und die Leuchtdichte an verschiedenen ausgezeichneten Stellen zu messen.

Zur Vornahme dieser Messungen steht zur Zeit eine große Anzahl von subjektiven und objektiven Beleuchtungsmessern zur Verfügung. Die subjektiven Beleuchtungsmesser (Abb. 19) bestehen im wesentlichen

Abb. 19. Subjektiver Beleuchtungsmesser von Schmidt & Haensch.

aus einer geeichten Glühlampe als Vergleichslichtquelle, die eine Hälfte einer Mattscheibe beleuchtet, deren andere Hälfte von dem zu messenden Geleucht beleuchtet wird. Eingestellt wird auf die gleiche Helligkeit beider Flächenhälften. Die dabei auftretende Beleuchtungsstärke wird in Lux an einer Skala abgelesen. Die Benutzung derartiger Beleuchtungsmesser setzt eine gewisse Übung voraus. Meßfehler entstehen durch den subjektiven Einfluß des Beschauers einerseits sowie durch die Veränderung der Lichtstärke der Vergleichslampen andererseits. Eine regelmäßige Nacheichung der Vergleichslichtquellen ist unbedingt erforderlich.

Die objektiven Beleuchtungsmesser (Abb. 20) bestehen im wesentlichen aus einer Photozelle, die bei der Beleuchtung einen elektrischen

Strom liefert. Dieser Strom wird durch ein Meßgerät geleitet, das die
Beleuchtungs- stärke unmittelbar anzeigt.

Bei dem objektiven Beleuchtungsmesser ist zu beachten, daß die
Farbenempfindlichkeit der Photozelle nicht mit der des Auges überein-
stimmt. Sollen elektrische und Gasbeleuchtung miteinander verglichen werden, so müssen die Meßgeräte mit zwei Skalen, eine für Gas- und eine
für elektrisches Glühlicht, versehen werden, oder es muß eine Umrechnung
erfolgen. Die Zelle kann auch mit einem besonderen Filter versehen werden, das ihre Empfindlichkeit der-
jenigen des Auges anpaßt; dadurch
wird aber die Gesamtempfindlichkeit
stark herabgesetzt.

Da die Photozelle mit der Zeit
altert, ist eine regelmäßige Nacheichung unbedingt erforderlich. Objektive Beleuchtungsmesser eignen
sich vor allem zu vergleichenden
Messungen.

Bei der Messung der Beleuchtung wird in gleicher Weise verfahren wie bei der Berechnung der
Beleuchtung. Die Straße wird in
gleiche Felder eingeteilt und die
Beleuchtungsstärke in den Mittelpunkten der Felder in 1 m Höhe
über dem Boden gemessen.

Die Einteilung erfolgt so, daß
auf den Flächenteil, dessen Beleuchtungsverteilung sich auf den benach-
barten Flächenteilen symmetrisch
wiederholt, mindestens 9 Rechtecke
entfallen (vgl. Photometrische Berechnung und Messung von Lampen
und Beleuchtung DIN 5032). Die
Zahl der Rechtecke muß um so größer

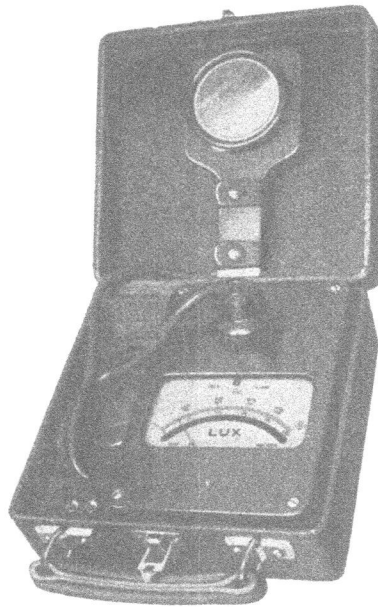

Abb. 20. Objektiver Beleuchtungsmesser von Ing. Edmund Zierold.

sein, je ungleichmäßiger die Beleuch-
tungsverteilung ist. Wo die Lichtquellen unsymmetrisch verteilt sind,
ist die ganze beleuchtete Fläche durchzumessen. Die mittlere Beleuchtungsstärke (E_m) ist das arithmetische Mittel aus den in den einzelnen
Rechtecken festgestellten Beleuchtungsstärken.

Außer diesen Werten sind auch die geringste (E_{min}) und die höchste
(E_{max}) Beleuchtungsstärke zu messen, soweit sie nicht schon in den Werten
der einzelnen Felder vorliegen.

Aus den gemessenen Beleuchtungsstärken lassen sich Kurven für die
waagerechte Beleuchtungsstärke mit den Abständen von dem Geleucht

als Abszisse (Waagerechte) und mit den Beleuchtungsstärken als Ordinate
(Senkrechte) zeichnen. (Abb. 21, 22).

Aus den so entstandenen Längs- und Querkurven (bezogen auf die

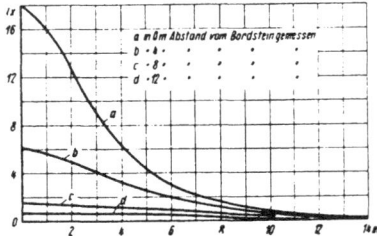

Abb. 21. Luxkurven (Waagerechtbeleuchtung), in Straßenrichtung gemessen, eines
4 flammigen Gas-Hängegeleuchtes mit
Klarglasglocke, Lichtpunkthöhe 5 m.

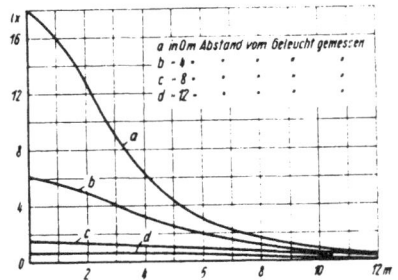

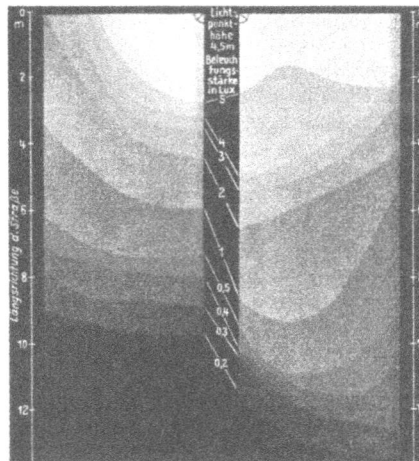

Abb. 22. Luxkurven (Waagerechtbeleuchtung), senkrecht zur Straßenrichtung gemessen, eines 4 flammigen Gas-Hängegeleuchtes mit Klarglasglocke, Lichtpunkthöhe 5 m.

Abb. 23. Isoluxkurven.

Straßenrichtung) werden die Kurven gleicher Beleuchtungsstärke (Isolux-
kurven Abb. 23) gezeichnet.

Die ebenen Kurven können zu einem räumlichen System zusammen-
gesetzt werden, wodurch das sog. Lux-Gebirge (Abb. 24) entsteht.

Sowohl die Isolux-Kurven als auch das Lux-Gebirge geben ein anschauliches Bild von der Größe und Gleichmäßigkeit der Beleuchtung. Namentlich bei der Beurteilung verschiedener Beleuchtungsanlagen geben solche Kurven einen guten Überblick.

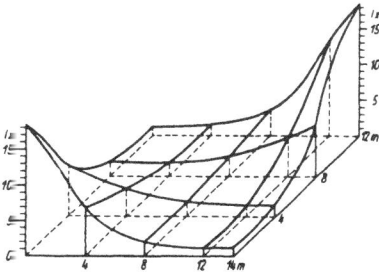

Abb. 24. Luxgebirge eines 4 flammigen Gas-Hängegeleuchtes mit Klarglasglocke, Lichtpunkthöhe 5 m.

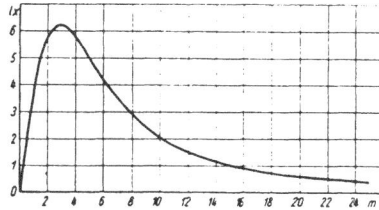

Abb. 25. Luxkurve (Senkrechtbeleuchtung) eines 4 flammigen Gas-Hängegeleuchtes mit Klarglasglocke, Lichtpunkthöhe 5 m.

Bei der Senkrechtbeleuchtung kann sinngemäß ebenso verfahren werden; jedoch genügt meistens eine ebene Kurve, die die senkrechten Beleuchtungsstärken auf einer Linie zwischen zwei Geleuchten in Straßenrichtung zeigt (Abb. 25).

Die Gasbeleuchtung.

I. Einzelteile und Bauarten der Gasgeleuchte.

1. Der Glühkörper.

Seit der Erfindung des Gasglühlichtes durch Auer von Welsbach werden offene Gasflammen, bei denen der auf Weißglut gebrachte Kohlenstoff die Lichtausstrahlung bewirkt, nur noch ausnahmsweise angewendet.

Das Gasglühlicht entsteht dadurch, daß ein nicht verbrennbarer und im Laufe der Brenndauer möglichst wenig verdampfender Leuchtkörper in den heißesten Teil der nicht leuchtenden Flamme des Bunsenbrenners gebracht wird (etwa 1750° C bis 2000° C abs.).

Auer fand als günstigste Zusammenstellung der Leuchtsalze für die größte Lichtstärke 99 Teile Thor und 1 Teil Cer. Für die Glühkörper der Preßgasleuchte erhöht sich der Cer-Zusatz bis auf 2 Teile. Thor und Cer werden als Nitrate verwendet.

Als Träger der Leuchtsalze kommen vorwiegend Garne in Betracht, die im Inland erzeugt bzw. verarbeitet werden. In erster Linie handelt es sich um Kunstseide, die als veredelte Holzfaser anzusprechen ist. Aus dem Fichtenholz wird über den Zellstoff eine viskose Lösung erzeugt, die die Fäden für die Glühkörperherstellung liefert. Aus ihnen werden röhrenförmige Gestricke hergestellt, die mit der wässerigen Leuchtsalzlösung getränkt und dann getrocknet werden. In gleicher Weise wird auch Ramiegarn verwendet, das aus dem Bast einer chinesischen Nesselstaude gewonnen wird.

Je nach der Verwendungsart werden Glühkörper für das veraltete Stehlicht und für Hängelicht hergestellt.

Bei Hängelicht ist zu unterscheiden zwischen mit Spinne versehenem und spinnelosem Glühkörper. Während der erstere (Abb. 26) aus dem

Abb. 26. Hängelicht-Glühkörper mit Spinne.

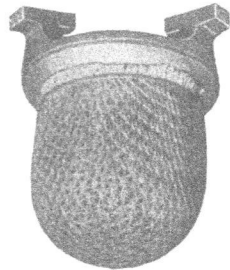

Abb. 27. Spinneloser Hängelicht-Glühkörper.

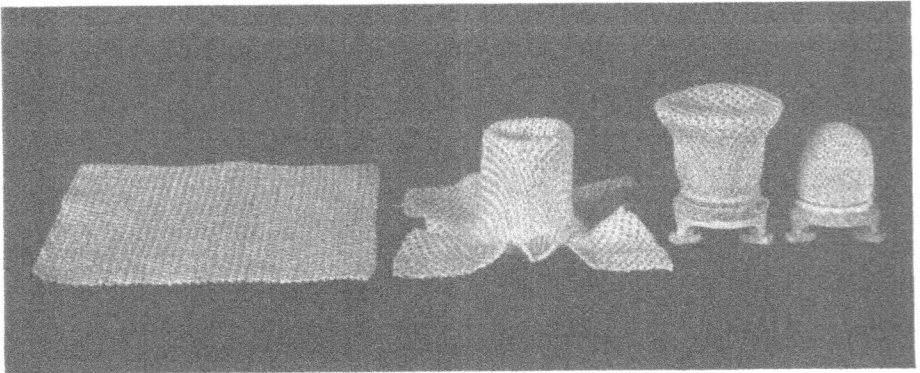

Abb. 28. Werdegang eines spinnelosen Hängelicht-Glühkörpers.

röhrenförmigen Schlauchstück besteht, bildet der letztere (Abb. 27, 28) einen Körper, der in einer Matrize gestanzt wird.

Das Formen und Härten der Glühkörper erfolgt in der Fabrik dadurch, daß die mit den Leuchtsalzen getränkten Gewebe zunächst ent-

zündet werden, wodurch die organische Faser verbrennt und die Cer-
und Thorsalze zu Oxyden umgewandelt werden. Die endgültige Form erhält der Glühkörper durch eine Preßgasflamme, die gleichzeitig die Här-
tung des Glühkörpers bewirkt. In diesem Zustand stellt der Glühkörper
ein zerbrechliches Aschegerüst dar, das für den Versand in eine Kollo-
diumlösung getaucht wird. Nach dem Trocknen hinterbleibt auf dem
Aschekörper eine feine, leicht entflammende Zellhaut, die vor Ingebrauch-
nahme des Glühkörpers abgebrannt wird. Trotz der Schutzhaut ist der
Glühkörper vor starken Erschütterungen zu bewahren, denn ein Einbeulen
der Schicht zieht immer eine Zerstörung des Aschegerüstes nach sich,
was beim Abflammen durch Zerfall der Asche festzustellen ist. Der abgebrannte Glühkörper ist ein genaues Abbild der Faser, wie die mikrosko-
pische Aufnahme (Abb. 29, 30) veranschaulicht.

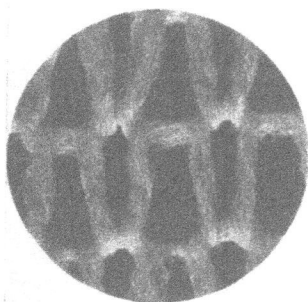

Abb. 29. Gewebe eines Glühkörpers aus Ramie.

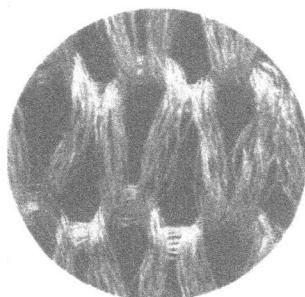

Abb. 30. Gewebe eines Glühkörpers aus Kunstseide.

Das Thoroxyd ist bei der Flammentemperatur des Auerbrenners
(etwa 2000° C abs.) ein durchsichtiger Strahler, leuchtet also im sichtbaren
Gebiet wenig, wird aber durch die geringe Beimengung des im sichtbaren

Tabelle der gebräuchlichsten Glühkörper.

Art	Gasverbrauch l/h	Lichtstärke HK
1 Normal-Stehlicht 95 × 28 mm Brkpf. . .	180—190	90—100 °
2 Hängelicht Ring 98 normal	120—130	95—105 °
3 » » 178 Liliput	90—100	75— 80 °
4 Hänge-Starklicht Ring (665) . . . (497)	200—300	180—260 °
5 Gruppenbrenner 20 mm » 1562 . . .	50—55	50 °
6 » 23 » » 1562 . . .	60—65	60 °
7 » 25 » » 179 . . .	70	70 °

3

Gebiet gut strahlenden Cers gefärbt. Das Thoroxyd bildet gewissermaßen ein Wärmepolster, in dem das Ceroxyd in feinster Verteilung eingebettet ist. Während des Brennens verflüchtigt sich ein Teil des Cers, wodurch die zunächst gelblich strahlende Leuchtmasse allmählich weißstrahlend wird.

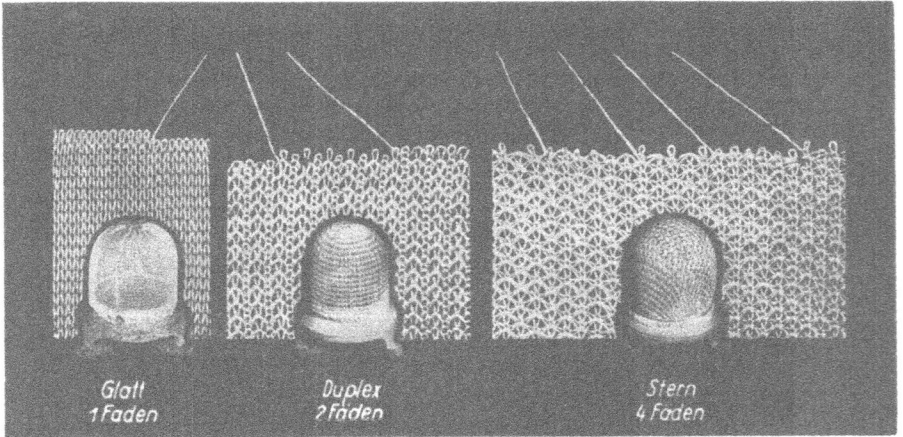

Abb. 31. Glühkörper verschiedener Gewebearten.

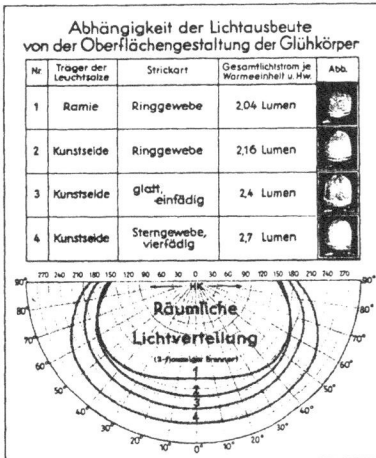

Abb. 32.

Der Wunsch einiger Gaswerke, von Anfang an weißstrahlende Glühkörper zu erhalten, dürfte auf der irrtümlichen Auffassung beruhen, daß weißstrahlende Glühkörper heller sind. Leider trägt die Glühkörperindustrie diesem Verlangen oft Rechnung mit dem Erfolg, daß die Farbe des Lichtes naturgemäß nach einigen Hundert Brennstunden in ein Fahlblau übergeht. Ein guter Glühkörper gibt anfangs kein reines weißes, sondern ein etwas gelbliches Licht.

Es gibt eine Reihe von verschiedenen Geweben, die in ihrer Wirkung nicht gleiche Ergebnisse zeigen (Abb. 31).

Aus der Lichtverteilungskurve eines dreiflammigen Brenners

(Abb. 32) ergibt sich, daß die größte Lichtausbeute mit spinnelosem Kunstseide-Sterngewebe-Glühkörper erzielt wird.

Der Glühkörper ist ein Temperaturstrahler. Von anderen Temperaturstrahlern, insbesondere der elektrischen Kohlenfaden- oder Metalldrahtglühlampe, unterscheidet sich der Glühkörper dadurch, daß seine Strahlung im sichtbaren Gebiet stärker ist als die der gleich temperierten schwarzen Körper der elektrischen Kohlenfaden- oder Metalldrahtlampe[1]).

Bezüglich der Haltbarkeit der Glühkörper für Straßenbeleuchtung gelten im allgemeinen folgende Zahlen:

Stehlichtglühkörper   etwa 5 bis 10 Stück je Jahr und Flamme.
Hängelichtglühkörper   »   2 » 3   »   »   »   »   »

Bei sorgfältiger Pflege der Geleuchte und besonderer Vorsicht beim Reinigen des Glases kann die Lebensdauer der Glühkörper verlängert werden.

2. Der Brenner.

Jeder Gasglühlichtbrenner ist ein Bunsenbrenner, bestehend aus Düse, Mischrohr mit Luftöffnungen, Verteilungskammer mit Brennerkopf und Mundstück. Das Gas strömt durch die Düse in das Mischrohr; hierbei saugt der Gasstrom durch die Luftöffnungen die Erstluft an. Das sich bildende Gasluftgemisch wird am Mundstück mit der hinzutretenden Zweitluft verbrannt.

Der übliche Gasglühlichtbrenner für Niederdruckgas saugt etwa ein Drittel bis die Hälfte, der Preßgasbrenner die gesamte zur vollständigen Verbrennung erforderliche Luftmenge an. Von der Menge der angesaugten Erstluft hängt die Größe und Form der Flamme ab. Je mehr Erstluft angesaugt wird, desto kleiner und heißer wird die Flamme. Die Preßgasflamme ist heißer als die Niederdruckgasflamme und damit auch die Lichtausbeute größer.

Bei nicht genügender Erstluft ist der Innenkegel langgestreckt und blau, bei weiterem Luftzusatz wird er kürzer und nimmt eine grüne Farbe an. Nähert man sich mit der Luftzufuhr der theoretischen Luftmenge, so geht die Farbe des grünen Kernes in türkisblau über.

Mit zunehmendem Luftzusatz steigt die Zündgeschwindigkeit. Übersteigt diese die Austrittsgeschwindigkeit des Gases, so schlägt die Flamme zurück.

Das Gasluftgemisch im Mischrohr ist nicht vollständig gleichmäßig. In der Mitte befindet sich mehr Gas, am Rande mehr Luft. Um eine bessere Gleichmäßigkeit des austretenden Gasluftgemisches zu erzielen, wird häufig in das Mischrohr oder in das Mundstück ein Sieb eingebaut.

---

[1]) Nach Untersuchungen von Forsythe ist die Leuchtdichte im Grün 30 % höher als die Strahlung des schwarzen Körpers von 2800° abs., während bei dieser Temperatur für die Strahlung des Glühkörpers und des schwarzen Körpers das Verhältnis der Leuchtdichte im Rot zu der in Blau gleich ist. Die Überlegenheit des Gasglühlichtes über andere Temperaturstrahler beruht also auf seiner selektiven Strahlung im Sichtbaren.

Durch Unterteilung des grünen Kernes in viele kleine kann erreicht werden, daß die Flamme auch bei höherem Luftzusatz an dem Mundstück brennen bleibt, ohne zurückzuschlagen.

Das Brennermundstück beeinflußt die Flammenform, die mit der Glühkörperform stets zusammenpassen muß, da der Glühkörper in der heißesten Flammenzone die beste Lichtausbeute ergibt.

a) Die Düse. Durch die Düse tritt das Gas in feinem Strahl mit großer Geschwindigkeit aus und saugt dabei einen Teil der zur Verbrennung erforderlichen Luft an. Die durch die Düse hindurchströmende Gasmenge ist abhängig von der Form der Düse, deren Bohrung, von dem Gasdruck vor der Düse und vom spezifischen Gewicht des Gases. Nur wenn Druck und spez. Gewicht des Gases immer gleich sind, tritt durch ein und dieselbe Düse stets dieselbe Gasmenge aus. An Stelle der Regeldüsen werden neuerdings bei Straßengeleuchten die Festdüsen bevorzugt. Die Festdüsen setzen, wenn der Gasdruck nicht gleichmäßig ist, den Einbau von Gasreglern (s. S. 46) voraus.

b) Das Mischrohr. Im Mischrohr soll sich das durch die Düse austretende Gas mit der durch die seitlichen Öffnungen des Mischrohres eintretenden Luftmenge möglichst innig mischen. Die Menge der angesaugten Luft ist abhängig von der ausströmenden Gasmenge und deren Geschwindigkeit, der Form der Düse und des Mischrohres, der Größe der Luftlöcher und deren Lage.

Zur Regelung der hinzutretenden Luftmenge dienen heute noch vielfach Luftschieber, mit denen die Luftöffnungen mehr oder weniger verschlossen werden können. Die Entwicklung führt zum Bau rückschlagsicherer Brenner, bei denen die Luftzufuhr nicht mehr geregelt zu werden braucht.

Die Durchmischung der angesaugten Luft mit dem Gas kann durch strömungstechnisch richtige Ausgestaltung des Mischrohres begünstigt werden.

c) Die Verteilungskammer mit Brennerkopf dient, wie schon der Name sagt, zur Verteilung des Gasluftgemisches bei mehrflammigen Geleuchten und endet jeweilig in den mit Gewinde versehenen Brennerkopf, in den das Mundstück eingeschraubt wird.

d) Das Mundstück (Abb. 33) hat die Aufgabe, die für die Erhitzung des Glühkörpers günstigste Flammenform zu erzeugen; es dient weiter als Aufhängevorrichtung für den Glühkörper.

e) Der Stehlichtbrenner. Der Stehlichtbrenner (Abb. 34) ist, wie schon oben erwähnt, veraltet. Wo er noch angetroffen wird, ist er möglichst schnell durch das hängende Gasglühlicht in seinen verschiedenen Ausführungen zu ersetzen. Die Anschaffungskosten machen sich durch die Gasersparnis bald bezahlt.

f) Der Hängelichtbrenner. Beim Hängelichtbrenner (Abb. 35) strömt das Gasluftgemisch nach abwärts, die Flamme brennt am untersten Teil und die Abgase steigen um das Mischrohr bzw. Gaszuführungsrohr hoch und erwärmen damit gleichzeitig das Gas oder das Gasluftgeräusch. Es muß Vorsorge getroffen werden, daß die Abgase nicht an die Luftzutrittsöffnungen kommen können. Das Mundstück beim Hängelichtbrenner wird durch die nach oben gerichtete Flamme heißer. Es wird deshalb aus einem feuerfesten Baustoff, zumeist aus Tonerde-Silikaten, hergestellt (Magnesia, Steatit).

Die Flamme hat eine nahezu halbkugelige Form. Der Glühkörper muß in der heißesten Stelle der Flamme glühen und das Brennermundstück bis etwa ein Drittel seiner Länge umgeben. Der Hängeglühkörper für Niederdruckgas ist fest mit einem Magnesiatragring verbunden und wird mit

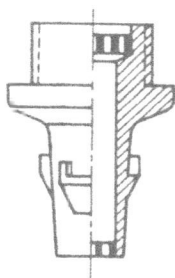

Abb. 33.
Brennermundstück.

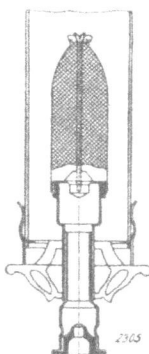

Abb. 34.
Auer-C-Brenner.

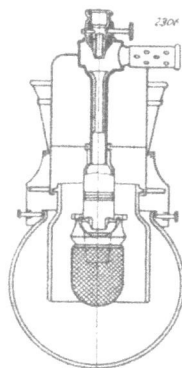

Abb. 35. Graetzin-
Hängelichtbrenner.

den daran befindlichen seitlichen Knaggen in die Knaggen des Brennermundstückes eingehängt. Wichtig ist hierbei, daß der Tragring so weit ist, daß die Abgase unbehindert zwischen Glühkörper und Brennermundstück abziehen können. Durch geeignete Ausführung muß, wie oben erwähnt, vermieden werden, daß die nach oben steigenden Abgase in die Luftzutrittsöffnungen des Mischrohres eintreten können.

Der veraltete Stehlichtbrenner wurde vor mehr als 10 Jahren vor allem bei der Straßenbeleuchtung durch den Pilz- oder Einbaubrenner (Abb. 36) ersetzt. Beim Einbaubrenner mündet das gemeinsame Mischrohr in einen pilzförmigen Verteilungskörper. Dieser trägt zwei oder mehrere Hängelichtmundstücke, an die die Glühkörper angehängt werden.

Der Umbau von Stehlicht- in Einbaubrenner ist demnach einfach. Die dafür aufzuwendenden Kosten sind gering und stehen in keinem Verhältnis zur besseren Lichtausbeute.

Von den Einbaubrennern kam man später zu den Hängelichtgruppenbrennern (Abb. 37/38). Beim Gruppenbrenner erfolgt die Gaszuführung von oben oder seitlich; er gestattet demnach eine ungehinderte Strahlung nach unten.

Die Glühkörper haben nach den Richtlinien »Vereinheitlichung der Gasaußengeleuchte und deren Einzelteile« (s. Anhang) einen Verbrauch von etwa 65 l/h.

g) Der Starklichtbrenner. Neben den Gruppenbrennern finden für Straßenbeleuchtung auch noch Starklichtbrenner Verwendung. Sie unterscheiden sich grundsätzlich nicht von den einfachen Hängelichtbrennern. Durch Vergrößerung der Abmessungen von Düse, Mischrohr und Mundstück

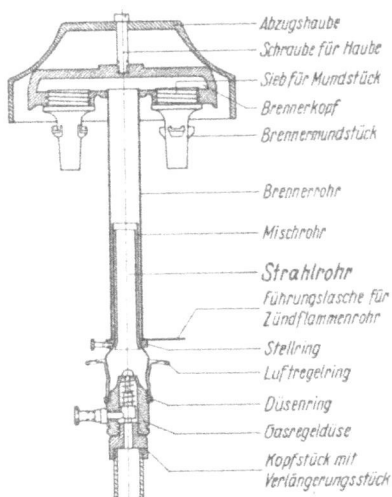

Abzugshaube
Schraube für Haube
Sieb für Mundstück
Brennerkopf
Brennermundstück

Brennerrohr
Mischrohr
Strahlrohr
Führungslasche für Zündflammenrohr
Stellring
Luftregelring
Düsenring
Gasregeldüse
Kopfstück mit Verlängerungsstück

Abb. 36. Einbaubrenner.

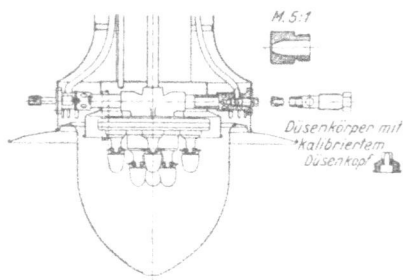

M.5:1

Düsenkörper mit kalibriertem Düsenkopf

Abb. 37. Querschnitt durch ein 9 flammiges Gruppenbrenner-Hängegeleucht.

Abb. 38. Brennerquerschnitt eines 9 flammigen Geleuchtes.

wird eine größere Flamme erzeugt, die die Verwendung eines größeren Glühkörpers gestattet.

Die Lichtausbeute schwankt je nach Anzahl der Glühkörper zwischen 18= und 780 HK halbräumlich.

h) Der Preßgasbrenner. Dem Preßgasbrenner (Abb. 39) wird das Gas mit einem Druck von 1000 bis 2000 mm WS zugeführt. Durch den hohen Gasdruck wird etwa die gesamte zur vollständigen Verbrennung notwendige Luft als Erstluft angesaugt. Durch die damit erreichte hohe Flammentemperatur wird eine günstige Lichtausbeute erzielt.

Der Glühkörper wird an ein keramisches Mundstück angebunden.

Die Preßgasglühkörper sind selbstformende, d. h. nicht abgebrannte kunstseidene Glühkörper, die erst in der Flamme ihre Form erhalten. Preßgasbrenner werden ein- und mehrflammig gebaut. Bei den größeren Bauarten mit einem Gasverbrauch von 450 bis 500 l/h und Brenner kann mit einem Lichtstrom von 6000 bis 6300 Lm je Glühkörper gerechnet werden.

Der Rückgang der Preßgasbeleuchtung in Deutschland ist auf die allgemeinen Sparmaßnahmen zurückzuführen. Mit den heutigen

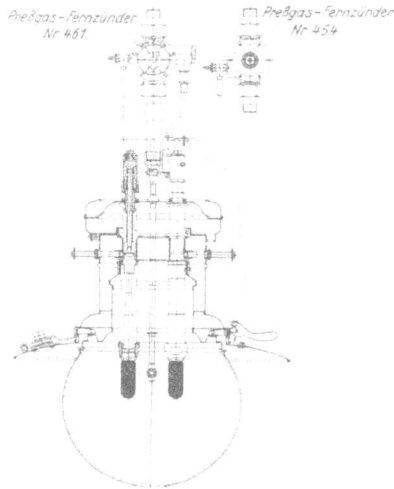

Abb. 39. Graetzin-Preßgas-Hängegeleucht.

Gruppenbrennergeleuchten wird eine ähnliche Lichtverteilung wie bei den Preßgasgeleuchten erreicht, wenn auch nicht entfernt die gleiche Lichtstärke und der gleich große Lichtstrom. (Lichtausbeute: 1,4 bis 1,7 HK/l bei Preßgas; 0,8 bis 1 HK/l bei Niederdruckgas).

Es ist zu erwarten, daß nach Fortfall der Sparmaßnahmen der Gemeinden die Preßgasgeleuchte wieder stärker für die Straßenbeleuchtung herangezogen werden.

3. Bauarten der Geleuchte.

A. Außenbeleuchtung.

Je nach der Art der Anbringung des Geleuchtes am Lichtmast (bzw. Wandarm) ist zu unterscheiden:

a) Aufsatzgeleuchte, sie werden auf den Lichtmast aufgesetzt,

b) Hängegeleuchte, sie werden an den Lichtmast oder an Überspannungen angehängt,

c) Ansatzgeleuchte, sie werden an den Ausleger des Lichtmastes angesetzt.

a) Aufsatzgeleuchte. Die früher üblichen Vier- und Sechseck- und Rundmantellaternen (Abb. 40 u. 41) kommen bei Neuanschaffungen nicht

Abb. 40. Sechsecklaterne.

Abb. 41. Rundmantellaterne.

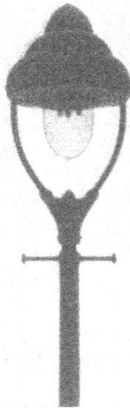

Abb. 42. Aufsatzgeleucht.

mehr in Betracht; vorhandene Laternen können für Übergangszwecke und Sonderfälle in verkehrsschwachen Ortsteilen weiter verwendet werden, wenn sie durch Einbaubrenner lichttechnisch und wirtschaftlich verbessert sind. Größere Einbaubrenner lassen sich in Vier- und Sechseck- und Rundmantellaternen nur schwer unterbringen, da die hierbei auftretende Wärmeausstrahlung Anlaß zum Zerspringen der Scheiben gibt. Beim Reinigen des Glases auf der Innenseite können die Glühkörper leicht beschädigt werden.

In Verkehrsstraßen sollten solche Geleuchte nicht mehr verwendet werden, und da ihr Alter meist beträchtlich ist, dürfte auch der Ersatz wohl in den meisten Fällen zu rechtfertigen sein. Sollen solche Geleuchte mit Rücksicht auf historische Bauwerke ausnahmsweise verwendet werden, so hat der Lichttechniker zu zeigen, daß er Rücksicht auf die besonderen Gegebenheiten zu nehmen versteht und von sich aus

Vorschläge unterbreiten kann. Ein neuzeitliches Aufsatzgeleucht mit Gruppenbrennern zeigt Abb. 42.

Bei dieser Anordnung ist der Unterteil der Geleuchte fast ganz frei, die Gaszuführung und Träger (senkrecht zur Fahrbahn) stören kaum, und die herausnehmbare Glasglocke ist leicht zu reinigen. Schaltwerk und Düsenregelung (soweit nicht Außenregelung angewendet) sind durch Hochklappen der Haube leicht zugänglich.

b) Hängegeleuchte. Das Geleucht (Abb. 43) ist nach unten und nach den Seiten vollkommen frei. Die Brennerdüse und die Luftzuführung lassen sich von außen bedienen und einregeln, ohne daß das Geleucht geöffnet werden muß. Nach unten ist das Geleucht durch eine

Abb. 43. Hängegeleucht.

Abb. 44. Ansatzgeleucht.

leicht herausnehmbare Glasglocke abgeschlossen, die das Putzen sehr vereinfacht; außerdem ist die Gefahr der Zerstörung der Glühkörper wesentlich vermindert.

c) Ansatzgeleuchte. Für das Ansatzgeleucht (Abb. 44) gilt im allgemeinen das gleiche wie für das Hängegeleucht. Ein besonderer Vorteil des Ansatzgeleuchtes ist, daß bei gleicher Lichtpunkthöhe der Lichtmast kürzer (der Wandarm tiefer angebracht) sein kann als bei einem entsprechenden Hängegeleucht.

d) Anpassung der Geleuchte an städtebauliche Forderungen. Die Entwicklung der neuzeitlichen Geleuchte führt zu rein sachlichen Zweckformen.

Es gibt aber ohne Zweifel eine Reihe von Fällen, in denen mit Rücksicht auf das Städtebild die sachlichen Formen ungeeignet sind und vom Städtebauer abgelehnt werden. Es ist dann vollkommen berechtigt, wenn unter Wahrung der lichttechnischen Erfordernisse das Geleucht den gegebenen Verhältnissen angepaßt wird.

Der Ausschuß für Straßenbeleuchtung des DVGW hat in Zusammenarbeit mit der Fagawa einen Normblattentwurf: „Vereinheitlichung der Gasaußengeleuchte für Niederdruckgas" herausgegeben, der im Anhang wiedergegeben ist.

B. Innenbeleuchtung.

Auch für die Innenbeleuchtung hat der Stehlichtbrenner seine Bedeutung verloren. Diejenigen Gaswerke, die heute noch Wert auf Erhaltung oder Erweiterung der Gas-Innenbeleuchtung, besonders auf Geleuchte mit längerer Brennzeit legen, ersetzen zum mindesten den Stehlichtbrenner durch den Graetzinbrenner und das Graetzin-Kugelgeleucht, das z. B. mit einem Gasverbrauch von 256 l/h und 4 Glühkörpern mit Klarglaskugel 234 H K_υ und mit Opalglaskugel 154 H K_υ ergab. Kugelgeleuchte werden 2—5 flammig geliefert.

4. Zubehör zu den Geleuchten.

a) Zugglas (Zylinder). Bei den veralteten Stehlichtbrennern und Starklichtbrennern dient das Zugglas zur Zuführung der erforderlichen Zweitluft und zur Abführung der Abgase. Bei kleinen Hängelichtbrennern für Innenbeleuchtung tritt an Stelle der geschlossenen Glocke und des Zugglases auch die Lochbirne und die unten geöffnete Glocke. — Einbaubrenner, Gruppenbrenner und Preßgasbrenner erhalten kein Zugglas.

b) Glocken. Die Glocken haben zunächst den Zweck, die Lichtquelle vor Staub, Schmutz und Feuchtigkeit, bei Außengeleuchten auch vor Wind zu schützen. Wo Blendung nicht eintritt, ist die Verwendung von Klarglasglocken gegeben. Ist eine Blendung in geringerem oder größerem Umfange zu befürchten, so ist die Verwendung streuender Gläser für die Glocken empfehlenswert. Zweckmäzig ist die Anbringung von Schutznetzen, um bei einem Zerspringen der Glocken das Herabfallen von Glassplittern zu verhindern.

Als Anhalt für die Verminderung der Lichtstärke dient folgende Zahlentafel:

Klarglasglocken . . .	3 bis 10%	Jenaer Milchglas. . .	15 bis 20%
Überfangglocken . . .	11%	Mattglasglocken . . .	15 » 30%
angeätzte Glocken . .	10 » 15%	Alabasterglocken . .	20 » 40%
Opalglasglocken . . .	15 » 30%	gewöhnl. Milchglas . .	30 » 50%

Eine Verminderung der Beleuchtungsstärke um 20% wird aber aufgewogen, wenn damit die Blendung ausgeschaltet wird, denn die Blendung wirkt sich auf das Sehen ähnlich aus wie zu geringe Beleuchtungsstärke.

Glocke für gerichtete Beleuchtung (Blohm-Glocke).

Von der Tatsache, daß durch die Verwendung streuender Gläser die Beleuchtungsverteilung zu beeinflussen ist, wird bei der Blohm-Glocke Gebrauch gemacht; sie stellt ein einfaches Mittel zur Verbesserung einer bestehenden Beleuchtung dar.

Die Blohm-Glocke besteht aus einem unteren konischen Teil in streuendem (Opal-)Glas und dem oberen zylindrischen Teil, der unten aus Klarglas und oben aus emailliertem Glas besteht. Durch den Klarglasring, der sich in Höhe der Glühkörper befindet, kann das Licht seitwärts ausstrahlen. Die Glocke aus streuendem Glas dämpft das Licht unter dem Geleucht zugunsten der Gleichmäßigkeit. Durch den Klarglasring und die streuende Wirkung der Glocke entsteht eine gewisse

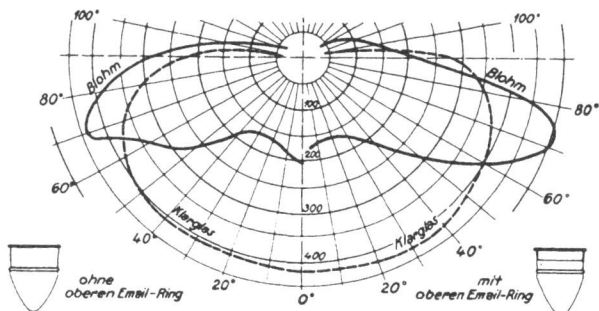

Abb. 45. Lichtverteilungskurven eines 9 flammigen Gas-Hängegeleuchtes.

Breitstrahlwirkung (Abb. 45), die eine auffällige Aufbesserung der Senkrechtbeleuchtung und damit eine bessere Kontrastwirkung hervorruft. Bei nassen, stark spiegelnden Straßen tritt die geringe Blendwirkung der Blohm-Glocke besonders in Erscheinung.

Die Blohm-Glocke läßt sich sowohl in Hängegeleuchten (Abb. 46), als auch in Aufsatz- und Ansatzgeleuchten unterbringen.

Je nach den örtlichen Verhältnissen kommt als Vorteil der Blohm-Glocke noch hinzu, daß sie nicht so oft geputzt zu werden braucht wie die Klarglasglocke, weil Staub und tote Insekten sich nicht ablagern können. — Im allgemeinen werden Blohm-Glocken bei Geleuchten mit vier und mehr Glühkörpern angewendet.

c) Reflektoren. Bei den üblichen Straßengeleuchten ohne Reflektoren gehen vom Lichtstrom nach Dr.-Ing. Klein[1])

Abb. 46.

rd. 25% nach oben, also oberhalb der durch den Lichtpunkt gelegten Waagerechtebene,
» 37,5% auf die anliegende Gehbahn und die Häuserwände,
» 37,5% auf die Fahrbahn, die gegenüberliegende Gehbahn und die gegenüberliegenden Häuserwände.

100%.

[1]) GWF 1934 Nr. 43 S. 741/44.

Auf die Fahrbahn selbst entfallen in den allermeisten Fällen nur wenig mehr als 20% des gesamten Lichtstromes, es lohnt sich also, den Lichtstrom zu richten.

Um den in der Waagerechten und darüber hinausgehenden Lichtstrom nach unten zu richten, werden Reflektoren verwendet. Das auf die Reflektoren gestrahlte Licht wird gleichmäßig nach allen Richtungen zurück nach unten geworfen.

Als Werkstoffe für Reflektoren kommen bei Außenbeleuchtung weiß emailliertes Eisenblech oder weiß glasiertes Steingut, silberbelegtes Glas sowie Metallspiegel in Betracht. Die Beständigkeit des Reflektors gegenüber allen Witterungseinflüssen und der Erwärmung ist besonders wichtig.

Auch ist darauf zu achten, daß die rückstrahlende Fläche dauernd sauber gehalten wird. Die Form des Reflektors hängt von der Bauart des Geleuchtes ab.

Nachstehende Zahlen geben den Anteil des zurückgestrahlten Lichtes an:

Silberspiegel . . . . . 88 bis 93%   Chrom 65%
verspiegelt. Glas . . . 75 » 83%   emaill. Blech . . . . 60 bis 70%
Aluminium . . . . .   80%   Milchglas . . . . . . 60 » 70%

d) Reflektoren für gerichtetes Licht (Zeiß-Spiegel). Soll durch den Reflektor das Licht nicht gleichmäßig nach allen Seiten zurückgeworfen werden, sondern einseitig auf die Fahrbahn, so kommen Reflektoren für gerichtete Beleuchtung (Zeiß-Spiegel Abb. 47, 48) in Betracht. Hiermit wird ein erheblicher Teil des Lichtstromes, der bisher

Abb. 47. Rundmantel-
laterne mit Zeiß-Spiegel.

Abb. 48. 9 flammiges Gas-Hängegeleucht
mit Zeiß-Spiegel für Seitenaufhängung.

auf die Häuserfronten und die Gehbahn fiel, auf die Fahrbahn geleitet. Dabei ist vor allem dafür zu sorgen, daß die dunkelste Stelle der Fahrbahn aufgehellt wird.

Der Spiegel erhält somit eine ovale Form. Nach der anliegenden Hausfront zu umgreift er die Lichtquelle sehr weit, nimmt also nach dieser Seite den gesamten über die Waagerechte durch den Lichtpunkt austre-

Abb. 49. 9 flammiges Gas-Hängegeleucht mit Zeiß-Spiegel für
Mittenaufhängung.

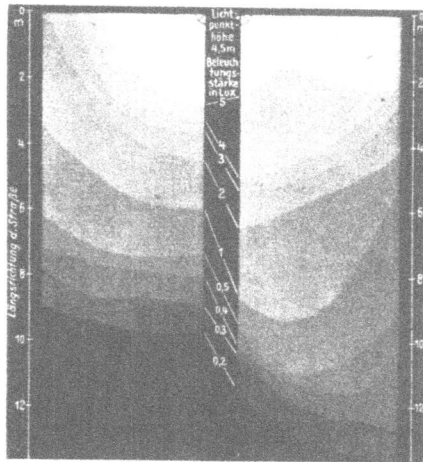

Geleucht mit   Geleucht mit Silber-
Emaille-Reflektor.   spiegel-Reflektor.
                Abb. 50.

tenden Lichtstrom auf, um ihn auf die Fahrbahn, auf die gegenüberliegende Gehbahn und auch auf die Häuserfronten zu werfen.

Der Zeiß-Spiegel besteht aus einem Glaskörper, der auf der Außenseite mit einer Silberschicht belegt ist. An dem Zeiß-Spiegel ist ein leicht geätzter Rand angesetzt, der die Aufgabe hat, vor Blendung zu schützen, andererseits aber eine so große selbstleuchtende Wirkung zu entfalten, daß die Geleuchte, wenn auch nur als schwacher leuchtender Streifen, sichtbar bleiben.

Ein Geleucht mit Zeiß-Spiegel für Seitenaufhängung zeigt Abb. 48, für Überspannung Abb. 49.

In Abb. 50 ist das Helligkeitsbild zweier Straßenzüge bei Verwendung von Geleuchten mit Emailreflektoren und mit Zeiß-Spiegeln dargestellt, wie es etwa vom Auge in der Straße wahrgenommen wird.

Die gerichtete Beleuchtung durch den Zeiß-Spiegel erhöht die Werte der Senkrechtbeleuchtung, bringt also schärfere Kontraste und damit eine größere Verkehrssicherheit.

Der Einbau von Zeiß-Spiegeln ist erst bei Geleuchten mit 6 Glühkörpern und mehr zweckmäßig. Im allgemeinen soll das Verhältnis von
Lichtpunkthöhe zum Geleuchtabstand auf der gleichen Straßenseite den
Wert von 1:10 bis 1:12 nicht übersteigen. — Der Zeiß-Spiegel ist mit
einem Netz als Schutz gegen herabfallende Glasteile versehen.

e) Gehäuse. Die Gehäuse der Geleuchte für Außenbeleuchtung bestehen aus emailliertem Eisenblech, Aluminium- oder Kupferblech.

In neuerer Zeit haben sich Aluminiumgehäuse bewährt; sie sind wit-
terungsbeständig und ihr geringes Gewicht ist von Vorteil. Verbogene
Stellen lassen sich beim Aluminiumgehäuse leicht ausbeulen und wieder
zurechtbiegen. Auf Kupfer als Baustoff kann verzichtet werden.

f) Schmutzfänger und Wasserabscheider. Um die Düse
und den Fernzünder vor Verschmutzung zu schützen, werden den Ge-

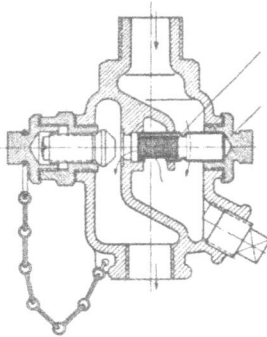

Abb. 51. Längsschnitt durch einen
Schmutz- und Wasserabscheider.

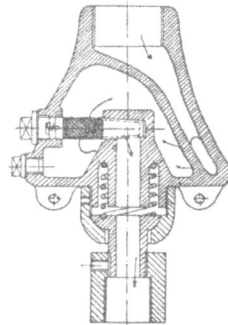

Abb. 52. Längsschnitt durch einen
Lichtmastauslaß mit Staub-
abscheider und Kugelgelenk.

leuchten Schmutzfänger vorgeschaltet. Abb. 51 zeigt die Ausführung
eines Schmutzfängers, der gleichzeitig auch als Wasserabscheider dient
und Abb. 52 einen Lichtmastauslaß mit Staub- und Schmutzsammelraum
und einem Füllraum für Benzol oder Spiritus.

g) Gelenke und Kupplungen. Zum Herabklappen von Auslegern an Lichtmasten werden Gelenke (Abb. 53) benutzt.

Bei herablaßbaren Geleuchten werden als lösbare Verbindung zwischen Geleucht und der Gaszuführungsleitung Kupplungen verwendet.

h) Auftauvorrichtungen. Um Vereisungen und Naphthalinver-
stopfungen zu beseitigen, werden Lösungsmittel, zumeist Spiritus bei
Vereisung, Xylol bei Naphthalinverstopfung, nach Bedarf durch Tropf-
gefäße oder Einspritzstopfen zugeführt (Abb. 54, 55).

i) Gasregler. Der Gasdruck ist von wesentlichem Einfluß auf die
ausströmende Gasmenge. Die Aufrechterhaltung eines gleichmäßigen
Druckes im Ortsrohrnetz ist deshalb besonders wichtig. Bei Druck-

schwankungen im Rohrnetz und bei höheren Rohrnetzdrücken ist der
Einbau von Gasreglern empfehlenswert. Der Wert der Regelung der
ausströmenden Gasmenge liegt sowohl in der Ersparnis an Gas, Glüh-

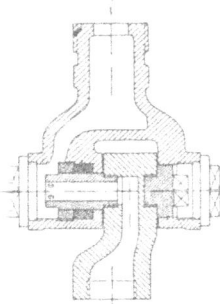

Abb. 53. Längsschnitt
durch ein Gelenk.

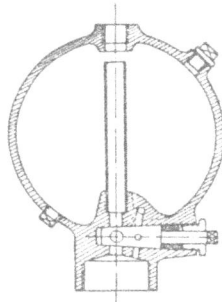

Abb. 54. Schnitt durch
ein Auftau-Tropfgefäß.

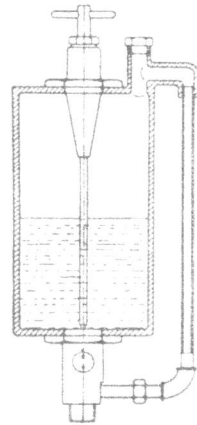

Abb. 55. Schnitt durch
einen Spiritustopf.

körpern und Arbeitszeit als auch in dem Vorteil der gleichmäßigen Lichtstärke aller Geleuchte.

Nicht nur die Verbrauchsschwankungen im Rohrnetz, sondern auch
die Gasdruckwellen zum Zünden der Laternen werden durch den Gasregler
von den Glühkörpern abgehalten.

In hochgelegenen Stadtteilen ist der Gasdruck höher als in niedriger

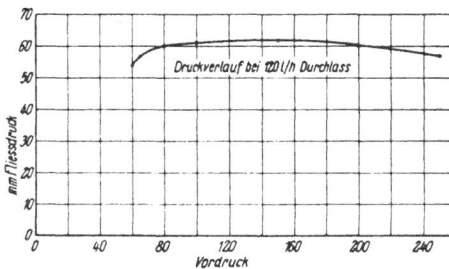

Abb. 56. Druckverlaufkurve eines Gasreglers.

gelegenen. Um die Gasmenge richtig einstellen zu können, sind Regeldüsen
erforderlich. Werden aber vor dem Geleucht Gasregler eingebaut, so können Festdüsen verwendet werden, wodurch ein gleichbleibender Verbrauch

bei allen Geleuchten des Versorgungsgebietes gewährleistet ist. Das Einregeln der Brenner in jedem einzelnen Geleucht an Ort und Stelle fällt fort.

Auch für Mitteldruck von 300 bis 3000 mm werden Gasregler gebaut, die die Verwendung von normalen Niederdruckgeleuchten an Gashochdruckleitungen ermöglichen.

Bei Reglern mit präparierten Stoffmembranen ist ganz besonders darauf zu achten, daß sie nicht an zu heißer Stelle eingebaut werden, da sonst die Regeleigenschaften bald verloren gehen. Regler mit Metallmembranen sind wenig empfindlich und haben sich bewährt.

Abb. 56 zeigt den Druckverlauf eines drei Jahre alten Gasreglers bei Vordrücken von 60 bis 250 mm.

II. Wandarme, Lichtmaste, Überspannungen.

Allgemeine Anforderungen.

a) Standsicherheit ist die verkehrssichere Aufstellung oder Anbringung der Geleuchtträger. Bei den Wandarmen und Überspannungen wird dieses durch entsprechende Befestigung an den Hauswandungen, Masten u. dgl. erreicht. Für die Standsicherheit der Lichtmaste ist der Erdbock oder der in geeigneter Form ausgebildete Lichtmastfuß maßgebend. Der Erdbock, etwa 0,6 bis 1 m hoch, ist entweder ein gußeisernes oder ein aus kräftigem Flach- und Winkeleisen zusammengesetztes Gestell. Neuerdings werden Lichtmaste bevorzugt, an deren Fuß sog. Grundplatten angeschweißt sind, die noch durch Stege versteift werden.

b) Erschütterungsfreiheit der Geleuchtträger wird durch kräftige Bauart erreicht. Die Gefahr der Beschädigung des Geleuchtes oder der Glühkörper durch Stoß, Schlag oder Anprall an den Geleuchtträger ist dann wesentlich herabgesetzt. Bei den Lichtmasten ist ein Abstand von mindestens 60 cm von der Bordsteinkante wegen der Ausladung der Fahrzeuge (Lastwagen, Möbelwagen u. dgl.) erforderlich.

c) Beständigkeit gegen Rost. Ein guter Anstrich erhöht die Lebensdauer der Wandarme, Lichtmaste und Überspannungen erheblich. Bei Lichtmasten aus Stahl ist besonders auf guten Anstrich zu achten, da Stahl leichter zum Rosten neigt als Gußeisen. Von einem guten Anstrich muß Beständigkeit gegen Witterung (auch Hundeurin), Haftfähigkeit, sowie mechanische Festigkeit verlangt werden. Bis zu einer Höhe von mindestens 10 cm über dem Erdboden wird zweckmäßig Bitumenanstrich verwendet. Auch bei nichtgasführenden Lichtmasten muß die Steigleitung gegen Rost geschützt sein. Der sorgfältige Rostschutz ist deshalb von besonderer Bedeutung, weil die Möglichkeit zur regelmäßigen Überprüfung der Steigleitung im Innern der Lichtmaste nicht besteht.

d) Verhinderung von Verstopfungen. In den Steigleitungen (Bogen) scheidet sich bei starker Abkühlung des Gases, namentlich im Winter, gelegentlich Naphthalin aus oder es tritt Eisbildung auf. Auch Ansammlungen von Rost verengen den Querschnitt der Leitungen. Die

Möglichkeit von Verstopfungen kann durch genügende Weite der Leitungen oder durch Einbau von Verdunstertöpfen mit Lösungsmitteln verhindert werden. Neuerdings werden bei gußeisernen Lichtmasten in die Zuleitung statt der Bögen Staubsäcke eingebaut (Abb. 57). Bei hohen Masten ist u. U. die Verwendung stählerner Lichtmaste, deren innerer Raum zugleich als Gaszuführungsleitung dient, zu empfehlen.

Baustoffe.

Als Baustoff für Lichtmaste wurde früher fast ausschließlich Gußeisen verwendet; neuerdings werden Lichtmaste aus Stahl bevorzugt. Sie haben den Vorteil, daß sie bei Beschädigungen durch Schweißen wieder hergestellt werden können. Auch werden sie bei starken äußeren Beanspruchungen (Anfahren) in vielen Fällen nur verbogen, während gußeiserne Lichtmaste leichter zu Bruch gehen.

Bei Lichtmasten aus Stahl wird oft im unteren Teil bis zu einer Höhe von etwa 1,2 m über dem Erdboden ein Schutz- oder Mantelrohr aus Gußeisen

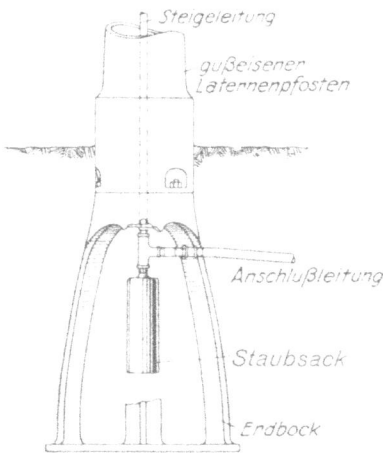

Abb. 57.

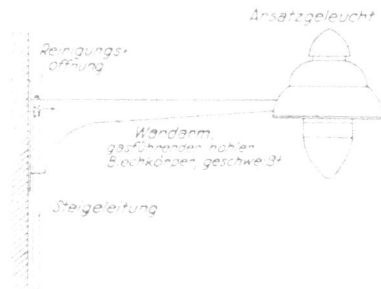

Abb. 58. Wandarm. Modell Würzburg.

oder Stahl verwendet, das gleichzeitig als Erdbock ausgebildet ist.

Bei sehr großen Lichtpunkthöhen werden neuerdings auch Lichtmaste aus Beton mit einem oder mehreren Auslegern aufgestellt, besonders für Platzbeleuchtung.

1. Wandarme.

Gegenüber Lichtmasten haben sie den Vorteil, daß sie in engen Straßen den Fußgängerverkehr nicht stören.

In Straßen, die besondere Bedeutung für das Stadtbild haben oder Ausblicke auf gute Bauwerke geben, bietet die Verwendung von Wandarmen die Möglichkeit, den Blick über die Straße freizuhalten. Die Aus-

4

ladung der Wandarme richtet sich nach der Weite der Straße und der verlangten Beleuchtungsstärke. Üblich sind Ausladungen von 0,5 bis 2 m. In besonderen Fällen erhalten Wandarme auch bei Verwendung herablaßbarer Geleuchte Ausladungen bis zu 4,5 m.

Die Ausführung richtet sich nach dem Charakter der Straße. Eine Bauart, die sowohl der Form als auch den Ansprüchen nach genügender Festigkeit voll gerecht wird, zeigt Abb. 58. Die Ausführung erfolgt in zusammengeschweißten Profileisen mit Stegen, deren Zwischenraum mit einem leichten Bimsbeton ausgefüllt wird. Bei besonders wertvollen Bauten kann der Ausleger mit Kupferblech überzogen werden.

2. Lichtmaste.

Während früher der Lichtmast nur zur Anbringung des Geleuchtes diente und das Gas durch ein besonderes Rohr im Lichtmast hochgeführt

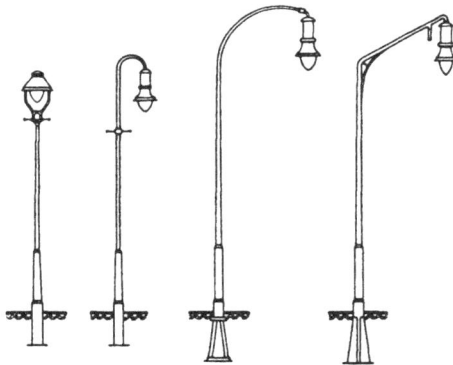

Abb. 59. Neuzeitliche gasführende Stahl-Lichtmaste.

wurde, werden heute Lichtmaste bevorzugt, bei denen der Mast gleichzeitig als Gaszuführungsrohr dient.

Lichtmaste für Aufsatzgeleuchte haben eine Anschlußhöhe von 3 bis 5 m. Das Aufsatzgeleucht wird durch einen Fuß, Ringflansch oder Aufsteckzapfen am Lichtmast befestigt.

Lichtmaste für Ansatz- und Hängegeleuchte haben eine Anschlußhöhe bis 6 m und darüber. Das Geleucht wird am Ausleger befestigt, der eine Ausladung je nach Art der Straße und der verlangten Beleuchtungsstärke von 0,5 bis 3 m hat. Bei Lichtmasten mit getrenntem Gaszuführungsrohr sind die Ausleger so anzuordnen, daß sie Gefälle haben, damit das Schwitzwasser nicht in die Brenner gelangen kann.

Die Abb. 59 zeigt neuzeitliche gasführende Lichtmaste aus Stahl.

Für die Beleuchtung von Plätzen werden häufig Lichtmaste mit mehreren Auslegern verwendet (Abb. 60). Bei Lichtmasten bis etwa 6 m Höhe ist die Bedienung mit tragbaren Leitern noch möglich; bei größeren Lichtpunkthöhen muß eine fahrbare Leiter verwendet werden. Um diese

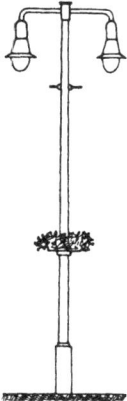

Abb. 60. Lichtmast mit Doppelausleger.

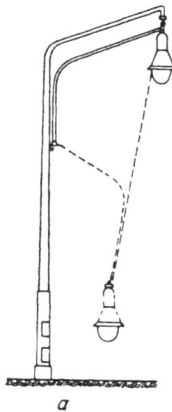

Abb. 61. Lichtmast mit herablaßbarem Geleucht (a) und Lichtmast mit herabklappbarem Ausleger (b).

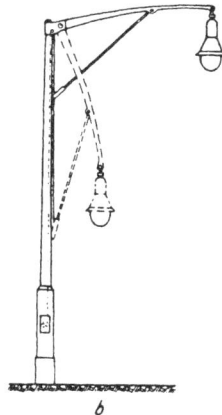

zu vermeiden, sind Lichtmaste mit herabklappbarem Ausleger oder herablaßbaren Geleuchten zu verwenden (Abb. 61).

3. Überspannungen.

a) Feste Überspannungen. Das Hängegeleucht wird entweder an einem Drahtseil oder an einem Stahlrohr, das dann gleichzeitig als Gaszuführungsleitung dient, befestigt. An Stelle eines Stahlrohres kann bei Aufhängung des Geleuchtes an einem Drahtseil auch Aluminiumrohr und nach Aufhebung des Verbotes durch die Überwachungsstelle für unedle Metalle auch Kupferrohr als Gaszuführungsleitung verwendet werden.

Abb. 62 zeigt eine feste Überspannung mit Drahtseil und Aluminiumzuführungsrohr, Abb. 63 Überspannung mit Drahtseil und Kupferrohr, Abb. 64 eine Überspannung mit Stahlrohr.

b) Herablaßbare Überspannungen. Sollen die Kosten für die Beschaffung einer fahrbaren Leiter gespart werden oder ist wegen der Enge der Straße oder des starken Verkehrs die Bedienung durch eine solche verkehrsstörend, dann werden herablaßbare Überspannungen verwendet. Am besten hat sich in der Praxis die Ausführung mit einfachen oder Doppelgelenken nach dem Kardan-Prinzip bewährt. Diese sind dazu

4*

bestimmt, alle vorkommenden Drücke, wie Wind usw. aufzunehmen. Für
die Herablaßvorrichtung wird vorwiegend eine Seilwinde benutzt. Das

Abb. 62.
Feste Überspannung mit Drahtseil
und Aluminium-Zuführungsrohr.

Abb. 63.
Feste Überspannung mit Drahtseil
und Zuführungsrohr aus Kupfer.

Abb. 64. Überspannung mit Stahlrohr.

Aufzugsseil wird nach Hochwinden des Geleuchtes durch eine besondere
Vorrichtung entlastet.

Bei engen Straßen wird die Herablaßvorrichtung nach Abb. 65 verwendet, während für breitere Straßen die Ausführung nach Abb. 66 mit Zwischengelenk in Betracht kommt.

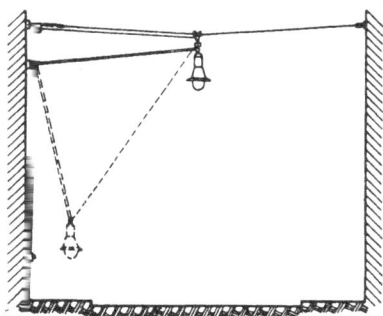 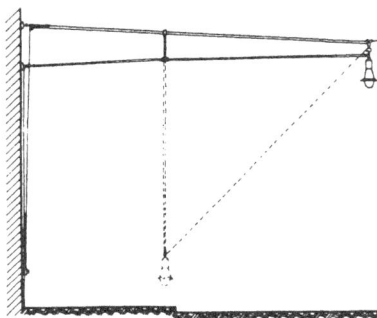

Abb. 65.   Abb. 66.

Man kann bei den herablaßbaren Überspannungen die Gaszuführung auch so anordnen, daß sie parallel zu den Seilen läuft. In diesem Fall wird vor dem Geleucht ein kleines Rohrstück zur Aufnahme der Abscheidungen vorgesehen.

III. Zünden und Löschen der Gasgeleuchte.

A. Straßenbeleuchtung.

1. Zünden und Löschen von Hand. Das Zünden und Löschen der Gasgeleuchte von Hand war früher vorherrschend. In ausgedehnten Städten ist die Handbedienung nur bedingt möglich, da ein Laternenwärter in der Stunde nur etwa 4 km Straße abgehen kann. Trotz Einstellung einer genügenden Zahl von Laternenwärtern läßt es sich nicht vermeiden, daß das erste Geleucht lange vor Eintritt der Dunkelheit, das letzte Geleucht nach Eintritt der Dunkelheit gezündet wird. Ein weiterer Nachteil der Handbedienung ist der, daß nicht schlagartig gelöscht werden kann. Der Luftschutz erfordert schlagartige Verdunkelung der ganzen Stadt; die Zündung von Hand ist daher unbedingt durch selbsttätige Einrichtungen zu ersetzen.

2. Zünden und Löschen mit Zünduhren. Gleichzeitiges Zünden und Löschen aller Straßengeleuchte ist durch Verwendung von Zünduhren möglich. Diese sind Uhrwerke, die entsprechend der Einstellung zu einer bestimmten Zeit das Öffnen und Schließen der Gaszuführung bewirken. Wenn auch die Verwendung von Zünduhren einen Fortschritt gegenüber der Bedienung von Hand darstellt, hat dieses Verfahren doch noch erhebliche Mängel.

Die Uhren müssen in regelmäßigen Abständen aufgezogen und der

Gang der Uhren muß auf Übereinstimmung mit der Normalzeit geprüft
werden. Diese Nachteile sind jedoch geringer zu bewerten als der Um-
stand, daß im Abstand von wenigen Tagen der Zeitpunkt des Zündens
und des Löschens gemäß den Angaben im Brennkalender nachgestellt
werden muß. Ein weiterer Nachteil der Uhren ist ihre Empfindlichkeit
gegen starken Frost.

Zünd- und Löschuhren werden eigentlich nur in besonders gelagerten
Fällen angewendet, z. B. in abseits vom Haupt-Versorgungsgebiet liegenden Straßen oder bei unmittelbarem Anschluß der Geleuchte an Hoch-
druckleitungen unter Zwischenschaltung von Druckreglern.

Auch die Zünduhren gestatten nicht das im Rahmen des Luftschutzes
geforderte schlagartige Verlöschen sämtlicher Geleuchte.

3. Zünden und Löschen durch Druckwellengebung. Die
Druckwellenzündung stellt die beste Lösung der selbsttätigen Schaltung
der Gas-Straßenbeleuchtung dar. Die Druckwelle ist eine zeitlich kurze
Erhöhung des Rohrnetzdruckes um 30 bis 50 mm auf die Dauer von
etwa 2 bis 8 min. Von der Ausdehnung und Weite des Rohrnetzes und
seiner jeweiligen Belastung hängen die Höhe der Druckwelle und ihre
Dauer ab. Diese Druckerhöhung bewirkt die Bewegung einer Membrane
des im Geleucht eingebauten Fernzünders. Die Bewegung wird über eine
Schaltvorrichtung auf das Absperrorgan (Ventil oder Hahn) übertragen
und dadurch die Gaszufuhr geöffnet oder geschlossen. Der Laternenwärter hat nur die Aufgabe, die Zündung und Löschung nachzuprüfen
und Versager von Hand nachzuschalten. Bei guten Druckverhältnissen
ist nur mit wenigen Versagern zu rechnen, bei weniger günstigen Rohr-
verhältnissen betragen die Versager nicht mehr als 1%.

Es gibt zwei Arten der Druckwellenzündung: die Zwei- und die Dreiwellenschaltung.

Bei der Zweiwellenschaltung wird die erste Druckwelle (Zündwelle)
abends zum Zünden, die zweite (Löschwelle) in den Morgenstunden zum
Löschen der Geleuchte gegeben.

Bei der Dreiwellenschaltung wird zwischen der Zündwelle abends und
der Löschwelle morgens eine weitere Welle etwa um Mitternacht gegeben.
Durch diese Druckwelle wird ein Drittel bis zur Hälfte der in den Geleuchten brennenden Glühkörper gelöscht. Die Beleuchtung kann also
dem in den Nachtstunden geringeren Verkehr entsprechend eingeschränkt
werden.

Die einzelnen Fernzünderbauarten unterscheiden sich in der Haupt-
sache durch Baustoff und Anordnung der Membranen sowie durch die
Absperrorgane.

Der Fernzünder »Bamag« hat eine senkrecht stehende Metallmem-
brane, deren eine Seite im Gasstrom liegt. Das Öffnen und Schließen der
Gaswege erfolgt durch Ventile. Das Schaltwerk liegt im Gasstrom.

Der Fernzünder »Meteor« hat eine liegende Ledermembrane, das
Schaltwerk ist im Luftraum untergebracht. Als Absperrorgane werden
Hähne verwendet.

Der »Record«-Fernzünder hat eine waagerechte Ledermembrane, die ihre Bewegung auf einen Drehschieber überträgt. Schaltwerk und Drehschieber liegen im Gasraum.

Der »Ehrich & Graetz«-Fernzünder besitzt eine liegende Membrane. Als Absperrorgane dienen Ventile. Das Schaltwerk liegt im Gasraum.

An einen Fernzünder sind folgende Anforderungen zu stellen:

1. Die Membrane muß bei möglichst geringer Druckerhöhung während einiger Minuten ansprechen.
2. Geringe Schwankungen des Druckes im Rohrnetz dürfen im Fernzünder keine Betätigung der Schaltvorrichtung hervorrufen.
3. Erschütterungen des Lichtmastes dürfen gleichfalls nicht die Auslösung der Schalteinrichtung herbeiführen.
4. Der Fernzünder muß von kräftiger Bauart und unempfindlich gegen äußere Einflüsse sein.
5. Die Zündflamme darf durch den Fernzünder nicht beeinflußt werden.
6. Bei Versagern muß die Bedienung des Fernzünders mit der Hand möglich sein.
7. Der Fernzünder muß leicht einstellbar sein.

Der wesentliche Unterschied des Preßgasfernzünders gegenüber dem vorstehend behandelten Niederdruckfernzünder beruht darauf, daß beim Einsetzen der Druckwelle die Gaszufuhr zur Zündflamme gedrosselt wird und nach dem Zünden die Zündflamme erlischt. Geht am Morgen zum Löschen der Preßgasdruck zurück, so wird die Gaszufuhr zur Zündflamme freigegeben und sie entzündet sich wieder an den langsam verlöschenden Glühkörpern.

B. Innenbeleuchtung.

Zündung mittels Druckluft. Die Gasinnenbeleuchtung kann nicht nur gehalten, sondern es können sogar neue Abnehmer gewonnen werden, vor allem, wenn es sich um die Beleuchtung von Werkstätten und Läden, von kleinen Gewerbebetrieben usw. handelt. Einen besonderen Anreiz zur Verwendung von Gas für Beleuchtungszwecke gibt die Druckluftzündung, die zum bequemen Zünden und Löschen der Raumgeleuchte dient.

Über dem Brenner befindet sich ein an einem Kolben aufgehängtes Absperrventil. Der Raum oberhalb des Kolbens steht durch eine dünne Kupferleitung mit einer als Schalter ausgebildeten Luftpumpe in Verbindung. Wird der Druckknopf des Schalters herausgezogen, so entsteht in der Leitung ein Unterdruck, wodurch der Kolben angehoben und das Ventil von seinem Sitz gehoben wird. Durch eine Hemmung wird der Kolben in seiner Höchstlage festgehalten. Beim Drücken auf den Druckknopf wird der Kolben mit dem daran befindlichen Ventil durch den entstehenden Überdruck auf den Ventilsitz gepreßt.

Wird an Stelle des Ventils ein Kolbenschieber angebracht, so läßt sich die Luftdruckzündung auch für Gruppenbrenner anwenden.

IV. Einstellung der Gasgeleuchte.

Von der richtigen Einstellung der Brenner hängt sowohl die Betriebssicherheit als auch die Güte der Beleuchtung ab. Bei Geleuchten mit
Festdüsen erfolgt das Einstellen des grünen Flammenkerns nur durch die
Luftregelung, da die Gesamtlänge der Flamme durch die festgelegte Bohrung der Düse gegeben ist. Festdüsen setzen jedoch, wie bereits erwähnt
wurde, entweder gleichbleibenden Gasdruck im Rohrnetz oder den Einbau
von Gasreglern im Geleucht voraus.

Die Einstellung der Geleuchte mit Regeldüsen geschieht etwa wie
folgt. Nach Anschluß des Geleuchtes wird die Gaszufuhr vollständig geöffnet, die Luftregelung fast ganz gedrosselt und der Brenner entzündet.
Wenn der Gasverteilungskörper erwärmt ist, werden Gas und Luft so eingestellt, daß bei Gruppenbrennern ein blaugrüner Kern von etwa 8 bis
9 mm Länge (Gesamtlänge der Flamme etwa 50 bis 55 mm) entsteht
(Abb. 67/68).

Nunmehr wird das Geleucht gelöscht, der Glühkörper eingehängt
und neu entzündet. Das endgültige Einstellen der Gruppenbrenner-
geleuchte kann nur nach einer Brenndauer von etwa 1 St. vorgenommen
werden, da durch die Erwärmung der Geleuchtteile wesentlich weniger
Luft erforderlich ist als im kalten Zustande. Zu diesem Zweck wird die
Luftzufuhr geschlossen, wodurch am Scheitel des Glühkörpers eine deutlich sichtbare Verdunkelung erscheint (Abb. 69). Hierauf wird die Luftzufuhr langsam geöffnet, bis die Verdunkelung gerade verschwindet
(Abb. 70).

Das Einstellen der Einbaubrenner geschieht ebenfalls nur durch Luftregelung, nachdem der Brenner genügend heiß geworden ist. Das Nach-
stellen des Brenners mit aufgesetztem Glühkörper erfolgt wie bei den
Gruppenbrennern.

Zeigt der Glühkörper trübes Licht oder sind Rußflecke auf seiner
Oberfläche erkennbar oder brennt die Flamme außerhalb des Glühkörpers
so ist Gasüberschuß vorhanden. Abhilfe bringt Drosseln der Gaszufuhr
und entsprechendes Einstellen der Luftöffnung. Verrußte oder beschädigte Glühkörper sind sofort zu ersetzen.

Flackern des Lichtes, nur teilweises Leuchten des Glühkörpermundes,
wiederholtes Rückschlagen der Flammen beim Anzünden ist ein Zeichen
dafür, daß entweder zuviel Luft oder zu wenig Gas vorhanden ist. Dementsprechend wird Abhilfe durch Drosseln der Luftzufuhr oder durch
Erhöhung der Gaszufuhr erreicht. Das Rauschen und Knattern der
Flamme tritt ein, wenn das Gasluftgemisch sich der Explosionsgrenze
nähert. Abhilfe: mehr Gas oder weniger Luft.

Läßt sich durch die beschriebenen Maßnahmen eine einwandfrei
brennende Flamme nicht erzielen, so kann ein verschmutztes Sieb oder
eine beschädigte Düse der Grund hierfür sein. Die Düse wird geprüft,
indem das Mischrohr entfernt und das Gas unmittelbar an der Düse
entzündet wird. Bei Beschädigungen zeigt sich dann eine verzerrte
Flamme.

Gleichmäßiges Zucken der Flamme deutet auf das Vorhandensein von Niederschlagwasser in der Zuführungsleitung.

Preßgasbrenner werden ausschließlich durch Verstellen der Luft-

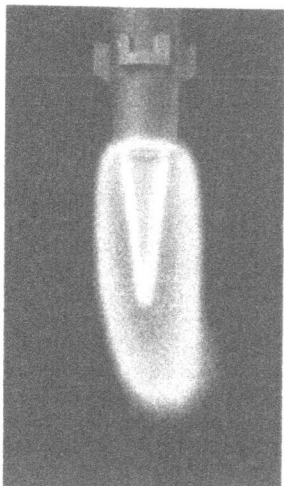

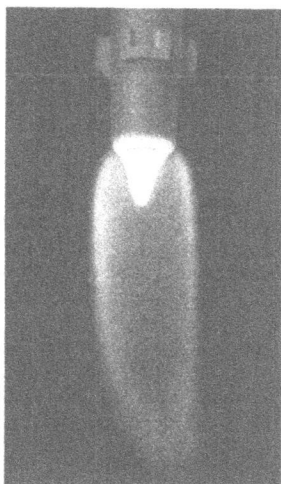

Abb. 69.   Abb. 70.

öffnungen eingeregelt. Die Flamme muß bei richtiger Einstellung innen kobaltblau gefärbt sein.

Das Formen und Härten des Glühkörpers vollzieht sich dann während des Abbrennens. Der fertige Glühkörper muß vor allen Dingen eine glatte Oberfläche und eine gleichmäßige Form haben.

V. Berechnung der Beleuchtung.

Die Berechnung muß sowohl bei der Raum- wie bei der Außenbeleuchtung vom Streben nach genügender Beleuchtungsstärke und größtmöglicher Gleichmäßigkeit ausgehen.

A. Raumbeleuchtung.

Die Beleuchtungsverteilung im Raum muß so gleichmäßig sein, daß von Stelle zu Stelle keine schroffen, störenden Unterschiede vorhanden sind, die die Erkennbarkeit beeinträchtigen. Nebeneinander liegende Räume, die häufig nacheinander betreten werden, sollen keine schroffen Beleuchtungsunterschiede aufweisen. Das bedingt, daß bei Raumbeleuchtung weder scharfe Unterschiede der Beleuchtung (Lichtflecke), noch zuviel Schlagschatten auftreten sollen; denn starke Beleuchtungsunterschiede erschweren die Erkennbarkeit und tragen zu schneller Ermüdung des Auges bei. Die im Schlagschatten vorhandene Beleuchtungsstärke muß mindestens 20% der ohne Überschattung an dieser Stelle vorhandenen Beleuchtungsstärke betragen. Die Arbeitsplatzbeleuchtung dagegen darf nicht völlig schattenlos sein, an jeder Arbeitsstelle sollen mindestens 20% der Beleuchtungsstärke vom gerichteten Lichtstrom herrühren. Die Ausdehnung oder Unterteilung der Lichtquelle muß derart sein, daß der Übergang von dem vollständig beleuchteten zu dem beschatteten Teil einer Fläche nicht plötzlich, sondern allmählich oder stufenweise erfolgt.

Da eine möglichst hohe Leuchtdichte (Apostilb) der beleuchteten Fläche erreicht werden soll, muß dafür gesorgt werden, daß die Rückstrahlung der beleuchteten Fläche möglichst gleichmäßig und gut ist. Bei stark unterschiedlichem Rückstrahlungsgrad benachbarter Flächen wird eine ungleichmäßige und dadurch unruhig wirkende Beleuchtung erzielt. (Zu beachten sind dabei Farbe von Decken, Wänden, glänzender oder matter Anstrich, Bodenbelag u. dgl.)

Die Geleuchte sind so auszubilden und anzuordnen, daß weder durch die Lichtquellen oder Geleuchte noch durch die Rückstrahlung von beleuchteten Gegenständen Blendung hervorgerufen wird.

Die erforderlichen Beleuchtungsstärken nach DIN 5035 sind auf S. 24 wiedergegeben.

Die genaue Berechnung der in einem geschlossenen Raum zu erreichenden Beleuchtungsstärke ist sehr schwierig, da die Rückstrahlung des Lichtes von der Decke, den Wänden usw. von ausschlaggebendem Einfluß auf die tatsächliche Verteilung der Beleuchtungsstärke ist. Je heller Decken und Wände gehalten sind, desto höher wird die mittlere Beleuchtungsstärke im Raum und um so gleichmäßiger fällt ihre Verteilung aus. Bei Anwendung mehrerer kleiner Geleuchte ist die Gleichmäßigkeit der Beleuchtung günstiger als bei Anwendung eines Geleuchtes oder nur weniger großer Geleuchte.

In der Praxis genügt deshalb wohl immer eine überschlägliche Berechnung der mittleren Beleuchtungsstärke. Dazu kann, da bei der Raumbeleuchtung der Gesamtlichtstrom mehr oder weniger nutzbar gemacht wird, von dem gesamten Lichtstrom des angewendeten Geleuchtes ausgegangen werden.

Gasgeleuchte werden stets mit Ausrüstung (s. DIN-Vornorm 5032) photometriert.

Bei Geleuchten mit Klarglasglocken stehen also 100%, bei Geleuchten mit Opalüberfangglocken etwa 80% des gemessenen bzw. des aus der Lichtverteilungskurve errechneten Lichtstromes nutzbar zur Verfügung. Von diesem Lichtstrom werden von der Decke, den Wänden u. dgl. ungefähr 50% verschluckt, sofern es sich nicht um ausgesprochen gerichtetes Licht handelt. Im Mittel ist also damit zu rechnen, daß bei Klarglas rd. 50%, bei Opalglas rd. 40% des erzeugten Lichtstromes für die Waagerechtbeleuchtung zur Wirkung kommen. Um die ungefähre mittlere Beleuchtungsstärke zu errechnen, ist daher nur der Lichtstrom mit dem mittleren Wirkungsgrad ($\eta = 0{,}50$ oder $0{,}40$) zu multiplizieren und durch die Grundfläche des Raumes in m² zu dividieren.

$$E = \frac{\Phi \cdot \eta}{F}.$$

Umgekehrt kann der aufzuwendende Lichtstrom ziemlich genau geschätzt werden, wenn für eine bestimmte Grundfläche eine vorgeschriebene mittlere Beleuchtungsstärke erzielt werden soll.

$$\Phi = \frac{E \cdot F}{\eta}.$$

Beispiel 7: Berechnung der Beleuchtung eines Schulzimmers. Der Raum hat eine Grundfläche von $9{,}4 \times 6{,}2$ m = rd. 59 m² und eine Höhe von $4{,}15$ m. Er ist geweißt bis auf einen Sockel, der um das ganze Zimmer herumläuft. Die Gesamtfläche der Decke und Wände beträgt 187 m², wovon 118 m², also rd. 63%, reflektierende Fläche sind (Abb. 71). Damit kann der Wirkungsgrad mit 50% angenommen werden. Die mittlere Beleuchtung für Schulzimmer soll 30 bis 40 Lux betragen und für Zeichensäle 50 bis 60 Lux. Danach wäre also folgender Lichtstrom nötig:

$$\Phi = \frac{E_m \cdot F}{\eta} = \frac{35 \cdot 59}{0{,}5} = 3850 \text{ lm.}$$

Da nun beispielsweise ein Graetzinbrenner etwa 625 Lumen hat, so sind $\frac{3850}{625} = 6$ Graetzinbrenner notwendig, die, wie eingezeichnet, zweireihig verteilt anzuordnen wären. Würden Kugelgeleuchte verwendet, so würden drei 4flammige notwendig sein, da ein 4flammiges Kugel-

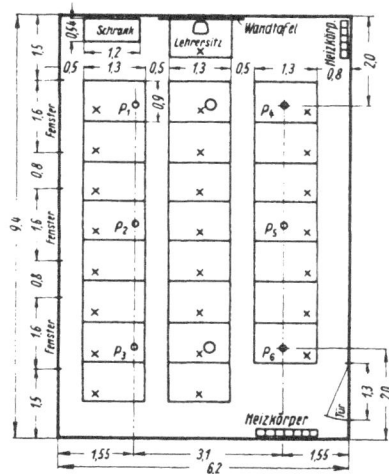

Abb. 71. Grundrißzeichnung des Schulraumes.

geleucht mit Opalglaskugel und Glühkörpern am Ring 98 eine mittlere räumliche Lichtstärke von etwa 136 HK, also einen Gesamtlichtstrom von 1708 lm hat.

Vorgenommene Messungen ergaben bei Anwendung von 6 Graetzinbrennern Nr. 35 a mit Milchglaskugel, ohne Schirm, eine mittlere Beleuchtung von 32,2 Lux, bei einem Gasverbrauch von 21,4 l je Lux und m² und dem sehr günstigen Gleichmäßigkeitsgrad von 1:1,72. Die Messung an den mit Andreaskreuzen auf der Zeichnung bezeichneten Meßstellen zeigt die Zahlentafel 1.

Messung 1.

	28,0	
28,0	34,9	33,8
30,0	36,0	35,0
29,9	37,9	36,7
29,0	36,3	36,4
28,0	37,0	36,4
26,9	35,9	34,3
25,0	32,1	31,1
22,0	27,1	

Wie sehr der Gleichmäßigkeitsgrad bei trübem Tageslicht und Sonnenschein von der Gleichmäßigkeit der künstlichen Beleuchtung abweicht, zeigen die beiden Messungen in Zahlentafel 2 und 3.

Messung 2 (trübes Tageslicht)				Messung 3 (Sonnenschein)		
	18,0				55	
289	59,8	7,4	560	178	97,4
141	64,0	7,6	210	201	97,6
244	66,9	7,8	551	185	94,0
290	55,3	7,7	587	175	85,3
110	43,8	7,7	261	171	79,6
268	53,2	10,1	510	171	78,0
345	55,9	8,5	554	158	63,2
36,2	43,0		157	110	

Bei trübem Tageslicht beträgt die mittlere Helligkeit 96,7 lx und der Gleichmäßigkeitsgrad 1:46,6. Bei hellem Sonnenlicht betragen die entsprechenden Zahlen 231,9 lx und 1:9,28. Bei trübem Tageslicht zeigt die Messung 2, daß für die Fensterplätze ein Höchstwert von 345 lx und ein Mindestwert von 110 lx, für die Mittelplätze und für die Wandplätze ein Höchstwert von 10,1 und ein Mindestwert von 7,4 lx sich ergibt. Die Beleuchtung der Wandplätze ist durchaus unzureichend, und es ist in diesem Falle geboten gewesen, den Schulraum künstlich zu beleuchten.

B. Straßen- und Platzbeleuchtung.

Bei der Berechnung von Straßen- und Platzbeleuchtung bringt das überschlägliche Berechnungsverfahren mit dem Gesamtlichtstrom (vgl. S. 59) keinen Vorteil.

Für die Beleuchtung von Straßen und Plätzen schreibt DIN 5035 nur die Beleuchtungsstärke auf der eigentlichen Fahrbahn vor; die Gehbahnen werden also bei der Ermittlung der Beleuchtung nicht berücksichtigt. Von dem gesamten Lichtstrom gelangt nur ein Bruchteil auf die Fahrbahn und dieser Bruchteil ist verschieden groß, je nachdem, ob die Geleuchte an der Seite auf Lichtmasten angebracht sind oder an Überspannungen hängen.

Durch das überschlägliche Rechnungsverfahren mit dem Gesamtlichtstrom kann nur die mittlere Beleuchtungsstärke ermittelt werden, während nach DIN 5035 auch die geringste Beleuchtungsstärke festzustellen ist. Im Gasfach wird der Hauptwert auf eine möglichst große Gleichmäßigkeit der Beleuchtung gelegt. Zur Ermittlung der Gleichmäßigkeit muß auch die größte Beleuchtungsstärke errechnet werden.

Als der Kraftwagenverkehr noch nicht den heutigen Umfang angenommen hatte, ist vielfach die Straßenbeleuchtung nicht berechnet, sondern auf Grund von Erfahrungswerten bemessen worden. Diese hierunter folgenden Werte können nur als erster Anhalt bei dem Entwurf einer Straßenbeleuchtung angesehen werden:

a) Bei wechselseitiger Anordnung der Lichtmaste auf beiden Seiten der Straße ist der Abstand auf jeder Straßenseite nicht größer als etwa das 10fache der Lichtpunkthöhe zu wählen;

b) bei Anordnung der Lichtmaste nur auf einer Straßenseite sollte der Abstand das 6- bis 7fache nicht überschreiten;

c) bei Überspannungen empfiehlt sich als Geleuchtabstand das 5- bis 6fache der Lichtpunkthöhe.

Für die Auswahl der Geleuchte gelten annähernd folgende Erfahrungszahlen, wobei die Breite der Fahrbahn, die Bebauung, der Baumbestand und der Straßenbelag zu berücksichtigen sind:

a) schmalere Straßen mit schwachem Verkehr: 2- und 3flammige Aufsatz-, Ansatz- oder Hängegeleuchte (130 bis 185 HK$_0$) auf Lichtmasten und Wandarmen. Lichtpunkthöhe 3,5 bis 4 m.

b) Straßen und Plätze mit mittlerem Verkehr: allenfalls wie unter a), besser aber 4- bis 6flammige Hänge- oder Ansatzgeleuchte (240 bis 390 HK$_0$) an Lichtmasten oder Wandarmen 4 bis 4,5 m Lichtpunkthöhe und 0,6 bis 1,5 m Ausladung.

c) Straßen und Plätze mit starkem Verkehr: 6- bis 12flammige Hänge- oder Ansatzgeleuchte (390 bis 790 HK$_0$) an Lichtmasten (gegebenenfalls Wandarmen), Lichtpunkthöhe 5 bis 7,0 m und 0,8 bis 2 m Ausladung oder Überspannungen mit Mittel- oder zweiseitiger Aufhängung, Lichtpunkthöhe etwa 8 m.

d) Straßen und Plätze mit stärkstem Verkehr in Großstädten: 12- bis 15flammige Hängegeleuchte (790 bis 975 HK$_0$) oder 3flammige Preßgasgeleuchte (2000 HK$_0$) an Lichtmasten oder an Überspannungen mit Mittel- oder zweiseitiger Aufhängung. Lichtpunkthöhe etwa 8 m.

Bei der Berechnung der Beleuchtung der Straße ist ähnlich wie bei der Messung der Beleuchtung zu verfahren. Die Straße wird in Felder von 2 bis 3 m Seitenlänge eingeteilt (Abb. 72) und in den Mittelpunkten der so erhaltenen Felder in 1 m Abstand von der Straßenoberfläche die Beleuchtungsstärke berechnet. So ergibt sich die mittlere Beleuchtungsstärke jedes einzelnen Feldes. Diese mittleren Beleuchtungsstärken werden addiert und durch die Anzahl der Felder geteilt, um die mittlere Beleuchtungsstärke der Straße zu erhalten.

Die geringste Beleuchtungsstärke (E_{min}) ergibt sich mit genügender Genauigkeit aus der mittleren Beleuchtung der einzelnen Felder. Für die Ermittlung der größten Beleuchtungsstärke (E_{max}) ist gegebenenfalls (z. B. bei Lichtmasten mit langen Auslegern) eine Sonderberechnung erforderlich.

In gleicher Weise läßt sich durch die Einteilung der Straße in gleiche Felder die senkrechte Beleuchtungsstärke E_s, $E_{s\,max}$ und $E_{s\,min}$ errechnen.

Zur Erleichterung der Durchrechnung ist im Anhang S. 81 E_w für ein angenommenes Geleucht mit $J_o = 100$ HK$_o$ für Lichtpunkthöhen von 5 bis 9 m und für Geleuchtabstände von 0 bis 30 m angegeben.

Für zwischenliegende Lichtpunkthöhen und Geleuchtabstände lassen sich die zugehörigen Werte leicht interpolieren.

Eine übertriebene Genauigkeit bei der Berechnung ist unnütz und bedeutet eine Zeitverschwendung, da die ganze Art der Berechnungsweise (waagerechte Beleuchtungsstärke in 1 m über der Straßenfläche) nur mehr oder weniger zu Vergleichen führt, die allerdings notwendig sind.

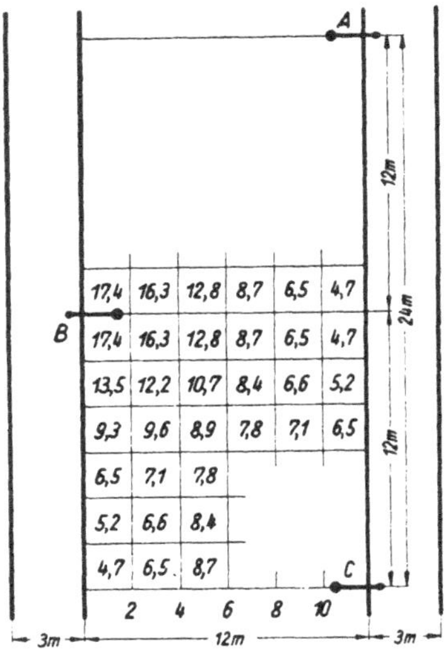

Hat ein Geleucht andere untere halbräumliche Lichtstärken, z. B. 130 HK (2 fl. Geleucht) oder 780 HK (12 fl. Geleucht), so sind die Werte mit 1,3 bzw. 7,8 zu multiplizieren.

Die angegebenen Werte gelten für Geleuchte mit Klarglasglocken. Bei Verwendung von Blohm-Glocken und Zeiß-Spiegeln, sowie bei Preßgasgeleuchten muß wegen der anders verlaufenden Lichtverteilungskurve eine besondere Berechnung durchgeführt werden.

Beispiel 8: Eine beidseitig bebaute Verkehrsstraße mit einer Fahrbahn von 12 m Breite soll eine DIN 5035 entsprechende Beleuchtung erhalten. Gefordert werden also eine mittlere Beleuchtungsstärke von 8 bis 15 Lux und eine Beleuchtungsstärke der ungünstigsten Stelle von 2 bis 4 Lux.

Abb. 72.

In Anbetracht des Baumbestandes zu beiden Seiten der Straße kommt entweder die Aufhängung der Geleuchte an Lichtmasten mit Auslegern oder an Überspannungen in Betracht. Die Frage, ob Seiten- oder Mittelaufhängung, wird oftmals aus örtlich bedingten Gründen entschieden. Auf jeden Fall sollte die Berechnung für beide Beleuchtungsarten durchgeführt werden, um die wirtschaftlichste Ausführung zu erhalten. Das nachstehende Berechnungsbeispiel ist für Seitenaufhängung durchgeführt.

Nach Aufteilung eines Straßenabschnittes in passende Rechtecke, im vorliegenden Falle in Quadrate von 2 m Seitenlänge (Abb. 72) werden auf Grund der Erfahrungen mit ausgeführten Beleuchtungsanlagen Flammenzahl, Lichtpunkthöhe, Geleuchtabstand, Länge des Auslegers angenommen und die waagerechte Beleuchtungsstärke in den einzelnen

Fe dern berechnet. Wenn die Geleuchte und die Geleuchtabstände für
den ganzen Straßenzug gleich bleiben, genügt die Berechnung der Beleuchtungsstärke in einigen Feldern, weil sich die Werte in dem jeweiligen
Geleuchtbereich wiederholen (s. Abb. 72). Bei der Berechnung ist darauf zu achten, daß jedes Einzelfeld von mehreren Geleuchten, im vorliegenden Falle von 3 Geleuchten Licht erhält.

Die in Abb. 72 wiedergegebene Berechnung ist mit 9 flammigen Geleuchten an Lichtmasten mit 2 m Auslegern, einer Lichtpunkthöhe von
7 m und einem Geleuchtabstand von 14 m (auf Straßenachse bezogen)
durchgeführt worden. Die errechneten Beleuchtungsstärken entsprechen
hierbei den gestellten lichttechnischen Anforderungen. Würde dieses
nicht der Fall sein, dann müßte die Berechnung nochmals mit anderen
Geleuchten, Geleuchtabständen usw. durchgeführt werden, was auch besonders erforderlich ist, wenn die wirtschaftlichste Art der Beleuchtung
bestimmt werden soll. Aus den in Abb. 72 wiedergebenen Werten er-
gibt sich eine mittlere Beleuchtungsstärke $E_{\text{mittl.}} = 9,5$ lx, eine Mindest-
beleuchtungsstärke $E_{\text{min}} = 4,7$ lx, eine Höchstbeleuchtungsstärke $E_{\text{max}} =$
13,6 lx und eine Gleichmäßigkeit der Beleuchtung von $\dfrac{E_{\text{min}}}{E_{\text{max}}} = 1:4$.

VI. Kosten der Gas-Straßen- und Raumbeleuchtung.

1. Straßenbeleuchtung.

a) Anlagekosten. Bestimmend für die Anschaffungskosten sind die
Anforderungen, die in lichttechnischer Hinsicht an die einzurichtende
Beleuchtung gestellt werden. Da diese außerordentlich verschieden sind,
lassen sich allgemein gültige Angaben nicht machen. Die Anlagekosten
für die Straßenbeleuchtung setzen sich zusammen aus:

1. Kosten für die Lichtmaste, Wandarme, Überspannungen,

2. Kosten für das Aufstellen oder Anbringen der Lichtmaste, Wandarme und Überspannungen einschließlich Zuleitung vom Straßenrohr mit allen Nebenkosten (Aufgraben, Maurerarbeiten, Rohr-
   verlegen, Straßenoberflächenbefestigung),

3. Kosten für das Geleucht einschließlich Fernzünder,

4. Kosten des Zubehörs (Gelenk, Kupplung, Schmutz- und Wasserabscheider, gegebenenfalls Gasregler),

5. Kosten des Anstrichs für Lichtmaste, Wandarme und Überspannungen mit Steigleitung.

Aus all diesen Einzelkosten ergeben sich die Gesamtanlagekosten je
Brennstelle oder für 1000 m beleuchtete Straßenlänge. Nachstehend ist
der Entwurf eines Kostenvoranschlages wiedergegeben:

Entwurf eines Kostenvoranschlages.

Pos.	Anzahl	Gegenstand	Preis Einzel	Gesamt
1	... St.	Lichtmaste, Wandarme, Überspannungen (Gußeisen, Stahl) ...m Lichtpunkthöhe und ...m Ausladung, liefern	. . . . . .	. . . . . .
2a	... St.	Aufstellen der Lichtmaste . ⎫ Anbringen der Wandarme . ⎬ . . Anbringen der Überspannung ⎭	. . . . . .	. . . . . .
2b	... m	Leitung vom Straßenrohr bis Anschluß Gasgeleucht	. . . . . .	. . . . . .
2c	...	Erdarbeiten	. . . . . .	. . . . . .
2d	...	Straßenoberflächenbefestigung ...m²	. . . . . .	. . . . . .
2e		Maurerarbeiten	. . . . . .	. . . . . .
3a	... St.	Gasgeleuchte ... fl.[1])	. . . . . .	. . . . . .
	... St.	Gasgeleuchte ... fl.[1])	. . . . . .	. . . . . .
3b	... St.	Fernzünder . . . . ⎫	. . . . . .	. . . . . .
3c	... St.	Druckregler . . . . ⎪	. . . . . .	. . . . . .
4a	... St.	Gelenke ... ⌀ . . . . ⎬[2])	. . . . . .	. . . . . .
4b	... St.	Kupplungen . . . . ⎪	. . . . . .	. . . . . .
4c	... St.	Schmutz- und Wasserabscheider ⎪	. . . . . .	. . . . . .
4d	... St.	Auftaugefäße . . . . ⎭	. . . . . .	. . . . . .
5a	... St.	Anstrich der Lichtmaste	. . . . . .	. . . . . .
		Wandarme	. . . . . .	. . . . . .
		Überspannungen . .	. . . . . .	. . . . . .
5b	... m	Anstrich der Steigleitung	. . . . . .	. . . . . .
6		Fuhrlohn	. . . . . .	. . . . . .
7		Beaufsichtigung	. . . . . .	. . . . . .
8		Unvorhergesehenes und zur Abrundung	. . . . . .	. . . . . .

[1]) Gegebenenfalls mit Blohm-Glocke, Zeiß-Spiegel o. ä.
[2]) Die Notwendigkeit des Einbaues der aufgeführten Gegenstände ist nach den örtlichen Verhältnissen zu prüfen.

b) Betriebskosten. Die Betriebskosten setzen sich wie folgt zusammen:

    1. Gaskosten,
    2. Bedienungskosten,
    3. Unterhaltungskosten,
    4. Kapitalkosten.

Zu 2. Die Bedienung umfaßt das Putzen, das Zünden und Löschen und die Überwachung. Die Zeitspannen des möglichst regelmäßig durchzuführenden Putzens der Glasteile am Geleucht richten sich nach der Art des Geleuchtes. Für Glasscheiben, Glasmäntel und Klarglasglocken kommt eine Zeitspanne von etwa 2 bis 3 Wochen in Betracht, während diese bei Blohm-Glocken höher gewählt werden kann. Die für Zünden,

Löschen und Überwachung aufzuwendenden Kosten richten sich danach, ob Handbedienung, Zünduhren oder Fernzünder vorhanden sind. In die Bedienungskosten werden die aufgewendeten Gehälter und Löhne, die Beschaffung und Unterhaltung der Fahrräder, Krafträder und Kraftwagen, sowie die Beschaffung von Reinigungsmitteln und Dienstkleidung einbegriffen.

Zu 3. Die Unterhaltungskosten enthalten Löhne und Kosten der Baustoffe und Ersatzteile für:

a) Ausbesserungen an Geleuchten, Fernzündern, Zünduhren und Lichtmasten,

b) Anstrich der Geleuchte und Lichtmaste in Abständen von etwa 3 bis 4 Jahren,

c) Unterhaltung der Zuleitungen (Instandsetzung, Reinigung, Auswechselung, Beseitigung von Verstopfungen),

d) Ersatz für Glühkörper, Gläser und Einzelteile des Geleuchtes,

e) Beschaffung, Ersatz und Instandsetzung von Leitern, Zündstöcken, Werkzeugen und Geräten,

f) Unterhaltung des Lagers, der Unterkunftsräume, der Werkstatt und der Fahrzeuge.

Die Betriebskosten werden aufgestellt je Jahr und Brennstelle oder je Jahr und 1000 m beleuchtete Straße.

Die prozentuale Zusammensetzung der Kosten für die Bedienung und Unterhaltung der Straßenbeleuchtung einer Großstadt bringt nachstehende Zahlentafel.

Gliederung der Betriebskosten der Gas-Straßenbeleuchtung einer Großstadt.

(Gesamtkosten = 100%.)

Bedienungskosten.

Betriebslöhne	58,2%
Zünder, Zünd- und Löschuhren	1,9%
Unterhaltung der Fahrräder	1,1%
Fahrgelder	0,2%
Aufsicht	2,5%
Schutzkleidung	0,3%
	64,2%

Unterhaltungskosten.

Geleuchte	1,8%
Wandarme, Lichtmaste, Überspannungen	2,5%
Streichen der Lichtmaste usw.	2,2%
Reinigen der Steigleitungen	4,4%
Glühkörper, Glocken, Netze	13,0%
Unterhaltung der Werkzeuge und Geräte	1,5%
Unterhaltung der Sammelstellen	0,7%
Pflaster	1,4%
Instandsetzung von Geleuchten und Zündern	5,1%
Verschiedenes	3,2%
	35,8%	100%

Die Gliederung der Kosten in dieser Form hat sich bewährt. Es wird den Gaswerken empfohlen, die Bedienungs- und Unterhaltungskosten der Gas-Straßenbeleuchtung genau so zu unterteilen und mit der vorstehenden Zahlentafel zu vergleichen.

2. Raumbeleuchtung.

Für die Raumbeleuchtung gilt bezüglich der Kostenermittlung annähernd dasselbe wie für die Straßenbeleuchtung. Die Anlagekosten setzen sich auch hier aus den Kosten für das Geleucht, für die Gaszuführungsleitung und für die Einrichtung zusammen.

VII. Sondergeleuchte.

Bei den zu besprechenden Sondergeleuchten 1, 2 und 3 ist zu beachten, daß Frischluft und Abgase einwandfrei zu- bzw. abgeführt werden und die Brenner sturmsicher gebaut sind.

1. Hausnummernbeleuchtung.

Abb. 73.
Hausnummerngeleucht.

Die Hausnummernbeleuchtung erfüllt neben der Kenntlichmachung der Hausnummer zugleich den Zweck einer Haustürenbeleuchtung.

Ein Vorteil der Hausnummernbeleuchtung mit Gas ist der, daß sie gemeinsam mit der Straßenbeleuchtung durch Druckwelle gezündet und gelöscht werden kann. (Schlagartiges Verlöschen bei Luftgefahr.) In einigen Städten brennt die Hausnummernbeleuchtung wegen ihres geringen Gasverbrauches Tag und Nacht; bei dieser Einrichtung fällt der Fernzünder weg, jedoch muß bei Luftgefahr von Hand gelöscht werden. Eine Ausführungsart zeigt die Abb. 73.

2. Lichtsäulen und Firmenschilder für Werbezwecke.

Bei Firmenschildern und Transparenten geben folgende Farbenzusammenstellungen eine gut lesbare Schrift:

Schwarze Schrift auf hellem (weiß, hellgrün) Untergrund.
Weiße Schrift auf dunkelblauem, violettem Untergrund.
Dunkelblaue Schrift auf orangefarbenem Untergrund.

Strahlen die Sondergeleuchte nur nach einer Seite, so ist für die rückstrahlende Wand weiße Emaille zu empfehlen.

3. Wegweiser u. dgl. in Straßen.

Diese Verkehrsschilder haben sich gut eingeführt. Es werden für solche Verkehrstransparente, die als Richtungsanzeiger, Wegweiser und

Orts=tafeln dienen, die Brenner so eingebaut, daß eine gleichmäßige Beleuchtung von innen her erfolgt.

Abb. 74. Gasbeleuchtete Wegweiser.

Schwarz-gelb (vorgeschriebene Farben) eignen sich gut für Gas=transparente (Abb. 74).

4. Anstrahlung von Gebäuden.

Voraussetzung für die Gebäudeanstrahlung ist ein ausreichender Platz vor der anzustrahlenden Fläche, damit das Geleucht in dem notwendigen Abstand angebracht werden kann. Dadurch wird die für die Anstrahlung besonders wichtige Gleichmäßigkeit der Beleuchtung erzielt. Die Geleuchte für die Anstrahlung müssen Spiegel aufweisen, die den gesamten Lichtstrom in die gewünschte Richtung lenken. Die Form des Spiegels richtet sich nach der Größe der anzustrahlenden Fläche und dem Abstand des Geleuchtes von dieser Fläche.

Die Glühkörper sollen möglichst im Brennpunkt des Spiegels liegen. Dazu sind kleine Glühkörper mit großer Leuchtdichte erforderlich. Eine einwandfreie Anstrahlung ist sowohl mit Niederdruckgas- als auch mit Preßgasgeleuchten möglich (Abb. 75).

Niederdruckgasflutlichtgeleuchte deutscher Firmen werden demnächst auf dem Markt erscheinen.

Welche Flächen mit einem Lichtstrom von 1000 Lumen angestrahlt werden können, gibt nachstehende Zahlentafel[1]) an:

Abb. 75. Preßgas-Flutlichtgeleucht.

---

[1]) The Gas Times 1934, Heft 12, S. 21.

5*

Art der angestrahlten Gegenstände	1 Strahler mit 1000 Lumen ist ausreichend bei		
	schwacher	mittlerer	starker
	Beleuchtung zur Anstrahlung einer Fläche von m²		
Helle Oberflächen (gelbes Ziegelmauerwerk, heller Putz)	33	20	12,5
Mittelhelle Oberflächen (rotes Ziegelmauerwerk, dunkler Putz)	16,5	10	6,25
Dunkle Oberfläche (Granit u. dgl.)	8,25	5	3,1
Sehr dunkle Oberfläche (altes Mauerwerk) .	3,3	2	1,25

Die Leuchtdichte der rückstrahlenden Oberfläche sollte im allgemeinen 20 bis 40 asb betragen.

Die Reflexion kann angenommen werden:

Sehr helle Oberflächen (gelbes Ziegelmauerwerk, heller Stein oder Putz) . . . .   50%.

Mittelhelle Oberflächen (gelber und grauer Verputz, gelber Backstein, neuer Sandstein) . . . . 30 bis 35%.

Dunkle Oberflächen (dunkler Verputz, roter Backstein und Ziegel, alter Sandstein) . . . . 15 » 20%.

Abb. 76. Verwaltungsgebäude der Gasag, Berlin.

Wie gleichmäßig und wirkungsvoll solche Anstrahlung mit Gas sich durchführen läßt, zeigen die Abb. 76, 77.

5. Festbeleuchtung mittels Gasfackeln und Schmuckbrennern.

a) Gasfackeln. Eine wirkungsvolle Festbeleuchtung, die ausschließlich dem Gas vorbehalten ist, sind Gasfackeln, die bei feierlichen Anlässen als vorübergehende oder dauernde Einrichtung in den letzten Jahren bevorzugt wurden (Olympisches Feuer) (Abb. 78, 79).

Abb. 77. The Cathedral, Worcester, England.

Abb. 78. Olympisches Feuer im Berliner Lustgarten.

Wenn Gas mit hohem Druck ausströmt, reißt es eine große Luftmenge mit, und die Flamme wird mehr oder weniger entleuchtet. Da
aber auf eine weithin leuchtende Flamme Wert gelegt wird, muß der

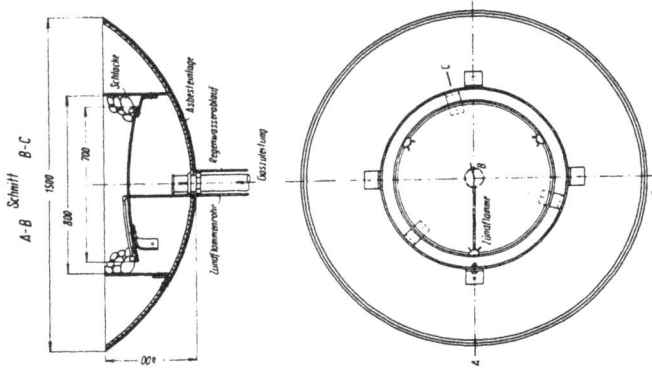

Abb. 80. Gasfackel.

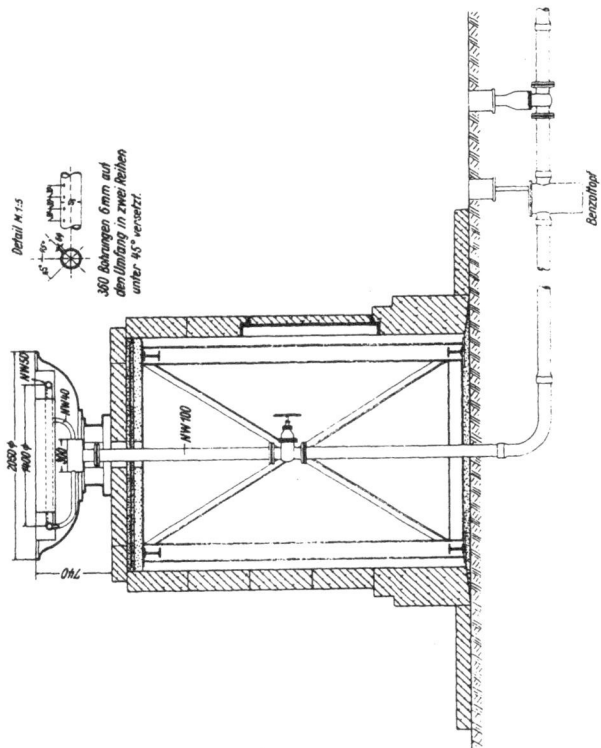

Abb. 79. Olympia-Gasfackel im Schnitt.

Dr ck des Gases vor dem Austritt gedrosselt werden. Das aus dem Zu-
fül rungsrohr ausströmende Gas wird über eine größere Oberfläche ver-
tei t, so daß sich eine möglichst große Flamme bildet. Die Fackelbeleuch-
tu g ergibt eine gute Wirkung, wenn das Gas mit geringem Druck, am
be ten nicht über 10 mm WS, aus der Schale austritt. Der Gasverbrauch

Abb. 81. Gasfackeln am Kriegerehrenmal in Lehrte.

ist in gewissen Grenzen einstellbar und dementsprechend die Flammen-
höhe. Eine besondere Zündflamme zum richtigen Zünden der Fackeln
ist vorzusehen (Abb. 80).

Bei kleinen Fackeln, die auf Straßengeleuchte aufgesetzt werden.
kann mit einem stündlichen Verbrauch von 6 m³ gerechnet werden. Bei
größeren Fackeln ist die Leistungsfähigkeit des Rohrnetzes zu beachten.

Stadtgas (Steinkohlengas + Wassergas) wird zweckmäßig vor jeder
Fackel mit Benzol, Benzin, Propan oder Butan angereichert. Dadurch
erhält die Flamme eine gelblich leuchtende Farbe. Für Benzol und Benzin
werden Verdampfer eingebaut; Propan und Butan werden auf geringen
Druck entspannt und einfach dem Gas an der Steigleitung zugeführt.
Für Orte ohne Steinkohlengasversorgung werden Fackeln mit Propan
oder Butan gespeist. (Olympische Flamme in Garmisch-Partenkirchen.)

In kleineren Städten können die vorhandenen Lichtmaste für Aufsatzgeleuchte für die Fackeln verwendet werden; das Geleucht wird abgenommen und eine Schale nach Abb. 80 aufgesetzt.

Größere Fackeln erhalten zumeist Verkleidungen, die zweckentsprechend bespannt und verziert werden. Einige größere Fackeln zeigen die nebenstehenden Abbildungen (Abb. 81, 82).

In einzelnen Städten bleiben die aufgebauten Fackeln ständig und werden bei festlichen Gelegenheiten gegen eine Benutzungsgebühr zur Verfügung gestellt.

b) Schmuckbrenner. In der Vorkriegszeit wurden bei festlichen Anlässen Schmuckbrenner in den verschiedensten Formen (Adler, Krone, Namenszüge u. a.) verwendet. Die Brenner bestanden zumeist aus Kupferrohren von 8 bis 10 mm l. W., in die in einem Abstand von 10 mm Löcher gebohrt waren. Das ausströmende Gas verbrannte mit leuchtender Flamme. Schon ein leiser Luftzug genügte, den Flammen eine Bewegung zu geben, so daß die Beleuchtung nicht starr wirkte.

Abb. 82. Gasfackel in Speyer.

Abb. 83. Festbeleuchtung am Rathaus in Halle/Saale.

Diese Beleuchtung ist jetzt wieder aufgenommen worden; Abb. 83 zeigt z. B. ein gasbeleuchtetes Hoheitsabzeichen.

6. Ziergeleuchte.

Um die architektonische Wirkung von gärtnerischen Anlagen, Parks, Plätzen und dergl. zu erhöhen, werden für die Beleuchtung der Wege und der durchführenden Straßen Gas-Ziergeleuchte bevorzugt, weil das

Abb. 84. Kugelgeleucht.   Abb. 85. Pilzgeleucht.

Gaslicht keinerlei Farbenverzerrung gibt und die Umrisse der Pflanzen usw. deutlich hervortreten läßt. Bauarten solcher Gas-Ziergeleuchte zeigen die Abb. 84 und 85.

VIII. Mittel zur Verbesserung der vorhandenen Straßenbeleuchtung.

Allgemeines.

Die Gas-Straßenbeleuchtung wurde zu einer Zeit eingerichtet, als in den Straßen noch nicht annähernd der Verkehr herrschte wie heute. Die Anforderungen an die Beleuchtung der Straßen und Plätze sind in den letzten 10 Jahren derart gestiegen, daß die Forderung nach Verbesserung der Straßenbeleuchtung allgemein geworden ist. Leider glauben die meisten Stadtverwaltungen, nicht die nötigen Mittel zu einer solchen grundlegenden Verbesserung aufwenden zu können[1]). Um so mehr sind

---

[1]) Vgl. dazu den Abschnitt »Beleuchtungspflicht der Gemeinden«.

jene Mittel von Bedeutung, die eine Verbesserung der Lichtausbeute und der Lichtverteilung mit einfachen und billigen Mitteln und unter Weiterverwendung der vorhandenen Teile — insbesondere Lichtmaste und Geleuchte — gestatten. Mit Rücksicht auf die Kostenfrage ist darum auch die Vermehrung der Anzahl der Geleuchte und Lichtmaste als ein zwar durchschlagendes, aber verhältnismäßig teures Mittel zur Aufbesserung anzusprechen.

1. Ersatz der Stehlichtbrenner durch Hängelichtbrenner.

Eine Verbesserung und gleichzeitig eine Verbilligung wird durch den Ersatz der Stehlichtbrenner durch Einbaubrenner erreicht. Ein Stehlichtbrenner verbraucht etwa 180 bis 190 l/h, ein Hängelichtbrenner etwa 130 l/h. Durch den geringeren Gasverbrauch macht sich der Umbau in Kürze bezahlt.

2. Vergrößerung der Lichtpunkthöhe.

Die Vergrößerung der Lichtpunkthöhe bei den vorhandenen Geleuchten ist ein ebenso billiges wie wirksames Mittel zur Beleuchtungsaufbesserung. Wie bereits auf S. 63 gezeigt wurde, ist die Lichtpunkthöhe

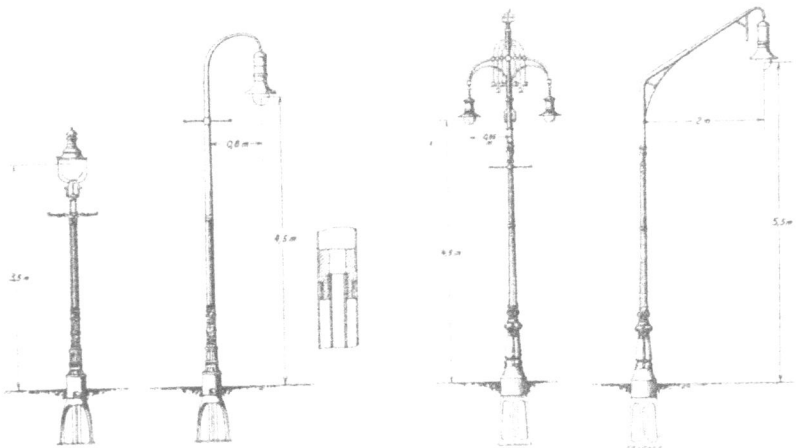

Abb. 86. Abb. 86a.

von entscheidendem Einfluß auf die Beleuchtungsverteilung. Die Verlängerung der Lichtträger wurde bereits häufig durchgeführt und hat sich überall als zweckmäßig erwiesen.

Bei dem Ersatz des Stehlichtbrenners durch Einbau- oder Gruppenbrenner wird vielfach gleichzeitig die Lichtpunkthöhe vergrößert. Abb. 86 u. 86a zeigen alte Lichtmaste mit neuzeitlichen Aufsätzen und Auslegern. Abb. 86 zeigt dabei, wie der Aufsatz als gasführender Teil ausgebildet ist.

3. Verschiebung der Geleuchte nach der Straßenseite zu.

In Straßen mit Verkehr und dichtem Baumbestand kann die Beleuchtung dadurch verbessert werden, daß entweder die vorhandenen Lichtmaste Aufsätze mit weiter Ausladung erhalten oder neue Lichtmaste mit weiter Ausladung oder herabklappbarem Ausleger verwendet werden.

Bei großen Bäumen werden die Geleuchte zweckmäßig über die Fahrbahn verlegt. Der sonst durch das Laubwerk der Bäume entstehende Schatten wird dadurch zum größten Teil von der Fahrbahn weggenommen.

4. Blohm-Glocke, Zeiß-Spiegel.

Durch Blohm-Glocke und Zeiß-Spiegel, bereits auf S. 42 bis 44 beschrieben, läßt sich die Beleuchtung durch Geleuchte mit 4 bzw. 6 und mehr Glühkörpern erheblich verbessern, vor allem bezüglich der Gleichmäßigkeit der Beleuchtung und der Verringerung der Blendung bei nassen Straßen. Die Lichtflecke unmittelbar unter dem Geleucht werden weggenommen zugunsten einer höheren Beleuchtungsstärke zwischen den Geleuchten.

5. Überspannungen.

Mit Überspannungen läßt sich eine gute Gleichmäßigkeit der Beleuchtung der ganzen Straße erreichen; auch die Häuserfronten erhalten dadurch ausreichend Licht. Es kommt hinzu, daß besonders bei engen Straßen das Straßenbild durch den Fortfall der Lichtmaste übersichtlicher wird. Neuzeitliche Ausführungen von Überspannungen sind bereits auf S. 51 näher beschrieben und abgebildet.

IX. Aufwendung für Verbesserung der Straßenbeleuchtung.

1. Ersatz des Stehlichtbrenners durch den Hängelichtbrenner.

Wie bereits auf S. 74 erwähnt, macht sich durch den geringeren Gasverbrauch der Ausbau des stehenden Brenners und Einbau des Pilzbrenners in kurzer Zeit bezahlt. Für diese Art der Verbesserung der Straßenbeleuchtung sind zusätzliche Kosten nicht aufzuwenden. Die Verbesserung ist gleichzeitig eine Verbilligung.

2. Vergrößerung der Lichtpunkthöhe.

Die Lichtmastaufsätze, meistens angewandt beim Ersatz von stehenden Geleuchten durch Hängegeleuchte, ersparen die Beschaffung neuer Lichtmaste und setzen entsprechend die Kosten der Beleuchtungsverbesserung wesentlich herab.

3. Verschiebung der Geleuchte nach der Straßenseite.

Bei der Verbesserung einer vorhandenen Straßenbeleuchtung wird in vielen Fällen die Beschaffung neuer Lichtmaste durch Anbringung geeigneter Aufsätze mit weiter Ausladung zu umgehen sein, sofern die vorhandenen Lichtmaste kräftig genug sind, um den Druck der Leiter und das Gewicht des Wärters bei der Bedienung der Geleuchte auszuhalten. Aus Zweckmäßigkeitsgründen können Lichtmaste mit herablaßbarem Ausleger (S. 51) verwendet werden.

In engeren Straßen, die in der Zwischenzeit lebhaften Verkehr bekommen haben, können die vorhandenen Lichtmaste durch Wandarme größerer Ausladung ersetzt werden. Sie bewirken eine Verschiebung des Geleuchtes nach der zu beleuchtenden Fahrbahn.

4. Zeiß-Spiegel und Blohm-Glocken.

Die Blohm-Glocke hat den Vorzug der größeren Billigkeit. Ihr Mehrpreis gegenüber der gewöhnlichen Klarglasglocke wird ohne weiteres durch die Verbesserung der Beleuchtungsverteilung wettgemacht, wobei die Ersparnis an Bedienungskosten (Reinigen) eine Rolle spielt. Teurer ist der Einbau der Zeiß-Spiegel. In vielen Fällen muß aber die Verwendung von Spiegeln vorgesehen werden, um den in DIN 5035 gegebenen Anforderungen nachzukommen. Der Einbau von Zeiß-Spiegeln lohnt sich bei Geleuchten von 6 Glühkörpern an und einer Lichtpunkthöhe von mindestens 5 m; jedoch darf der Abstand der Geleuchte höchstens 25 bis 30 m betragen; der Einbau von Blohm-Glocken bereits bei Geleuchten von 4 Glühkörpern an.

5. Überspannungen.

Bei der Umstellung von Seiten- auf Mittelbeleuchtung genügen u. U. bei der Mittelbeleuchtung 2 Geleuchte größerer Lichtstärke, während bei der bisherigen Seitenbeleuchtung 3 Geleuchte mit geringerer Lichtstärke erforderlich waren. Dadurch können sich die Anlagekosten ermäßigen, wenn die Verankerung der Überspannungen an Häuserfronten erfolgen kann und dadurch besondere Abspannmaste nicht aufgestellt zu werden brauchen.

Hinsichtlich der Bedienungskosten ist zu beachten, daß sich bei festen Überspannungen die Beschaffung einer fahrbaren Leiter nur von einer bestimmten Anzahl von Geleuchten an bezahlt macht.

X. Fehler bei der Einrichtung der Gasbeleuchtung.

1. Fehler bei der Anbringung bzw. Aufstellung der Geleuchte.

Die Erfahrung hat gelehrt, daß eine Gas-Straßenbeleuchtung häufig deshalb einen unzulänglichen Eindruck macht, weil falsche Lichtmaste aufgestellt sind. Namentlich in Straßen mit Baumbestand ist oft festzustellen, daß die Lichtmaste und Geleuchte so von den Bäumen eingeschlossen sind, daß die Beleuchtung der Fahrbahn völlig unzureichend ist.

Bei den neu anzulegenden Straßen müssen die zuständigen Stellen und das Gaswerk von vornherein zusammenarbeiten, damit trotz der anzupflanzenden Bäume eine Straßenbeleuchtung durchgeführt werden kann, die auch in späteren Jahren allen Anforderungen entspricht. Die Abb. 87 zeigt, welche Fehler gemacht werden können und wie sie zweckmäßig vermieden werden.

Vor allem ist in baumbestandenen Straßen auf genügende Ausladung der Lichtmaste zu achten. Es empfiehlt sich, in solchen Fällen die Lichtmaste mit 2 m und mehr Ausladung zu verwenden. Daneben ist darauf

Abb. 87. Falsche und richtige Aufstellung von Straßengeleuchten.

zu achten, daß die Lichtmaste nicht den Verkehr stören oder das architektonische Bild beeinträchtigen. Derartige Fehler können durch zweckentsprechende Aufstellung und Formgebung der Lichtmaste vermieden werden.

2. Fehler bei der Einrichtung der Straßenbeleuchtung.

Bei der Straßenbeleuchtung wird häufig der Fehler gemacht, daß die Gasleitungen nicht mit dem nötigen Gefälle verlegt werden, so daß sich Wasserausscheidungen bilden, die die ausreichende Gaszufuhr zu dem Geleucht verhindern und namentlich im Winter durch Gefrieren des Wassers in der Leitung zu unangenehmen Störungen führen können. Die Gaszuführungsleitungen müssen stets so verlegt sein, daß Niederschlagwasser ablaufen kann. Wo erforderlich, sind Wasser- bzw. Naphthalinabscheider vorzusehen.

Auch wird vielfach der Fehler gemacht, aus Kostenersparnis zu enge Rohre zu verlegen. Wenn diese auch anfangs den Anforderungen genügen, so ist doch bei längerem Betrieb mit einer Verengung des Querschnittes durch Rost und andere Ablagerungen zu rechnen, die Störungen verursacht. Ein reichlich bemessener Durchmesser der Gaszuleitung macht sich im Laufe der Zeit durch eine geringere Zahl von Störungen bezahlt.

Die Zuleitung vom Straßenrohr ist mit der Steigleitung im Lichtmast häufig durch einen kurzen Bogen verbunden. Dadurch entstehen Schwierigkeiten bei Verstopfungen. Es ist empfehlenswert, schlanke Bogen zu verwenden, die die Beseitigung von Verstopfungen mit einer Spirale ermöglichen oder Staubsäcke einzubauen (s. S. 49).

Anhang.

Zahlentafel 1.

Werte für cos³ α

$\angle x^0$	$\cos^3 x$	$\angle x^0$	$\cos^3 x$	$\angle x^0$	$\cos^3 x$	$\angle \alpha^0$	$\cos^3 x$
0	1,0000	23	0,7800	46	0,3352	69	0,0460
1	0,9995	24	0,7624	47	0,3172	70	0,0400
2	0,9982	25	0,7445	48	0,2996	71	0,0345
3	0,9960	26	0,7260	49	0,2824	72	0,0295
4	0,9927	27	0,7074	50	0,2657	73	0,0250
5	0,9887	28	0,6883	51	0,2490	74	0,0209
6	0,9836	29	0,6690	52	0,2334	75	0,0173
7	0,9780	30	0,6495	53	0,2180	76	0,0142
8	0,9711	31	0,6218	54	0,2030	77	0,0114
9	0,9635	32	0,6099	55	0,1887	78	0,00898
10	0,9551	33	0,5858	56	0,1709	79	0,00694
11	0,9459	34	0,5698	57	0,1615	80	0,00524
12	0,9358	35	0,5496	58	0,1488	81	0,00383
13	0,9250	36	0,5295	59	0,1366	82	0,00270
14	0,9135	37	0,5094	60	0,1250	83	0,00181
15	0,9012	38	0,4894	61	0,1140	84	0,00114
16	0,8882	39	0,4694	62	0,1035	85	0,00066
17	0,8746	40	0,4496	63	0,0936	86	0,00034
18	0,8603	41	0,4299	64	0,0842	87	0,00014
19	0,8453	42	0,4104	65	0,0755	88	0,00004
20	0,8298	43	0,3912	66	0,0673	89	0,000005
21	0,8137	44	0,3722	67	0,0597	90	0,000000
22	0,7971	45	0,3535	68	0,0526		

Zahlentafel 2.

Leuchtdichten B verschiedener Lichtquellen.

	Leuchtdichte sb oder HK/cm²
Glimmlampe	0,02
Kerze	0,6
Petroleumlicht	0,6 bis 1,5
Blauer Himmel	0,7 bis 1,0
Preßgas	5 bis 8,5
Gashängeglühlicht	6,4
Kohlenfadenlampen 3 W/HK . . .	70 bis 80
Wolframdrahtlampe 0,5 W/HK . .	150
Sonne am Horizont	400
Gasfüllungslampe	800
Flammenbogenlampe	900
Bogenlampe offen	3600
Sonne im Zenit	100000 bis 150000

Zahlentafel 3.

Reflektionsvermögen ρ einiger Baustoffe und Straßenoberflächen.

Baustoffe.

Silber rein. . . . . 91 bis 94%
Glasspiegel mit Silberbelag . . . . 80 » 88%
Glasspiegel mit Quecksilberbelag 70%
Aluminium poliert . . . . 67 » 70%
Weiß Email. . . . . 66 » 73%
Nickel poliert . . . . 55 » 69%
Messing poliert. 60%

Straßenoberflächen.

Asphaltdecke und Teerdecke 8%
Pflastersteindecke 25%
Betondecke 30%

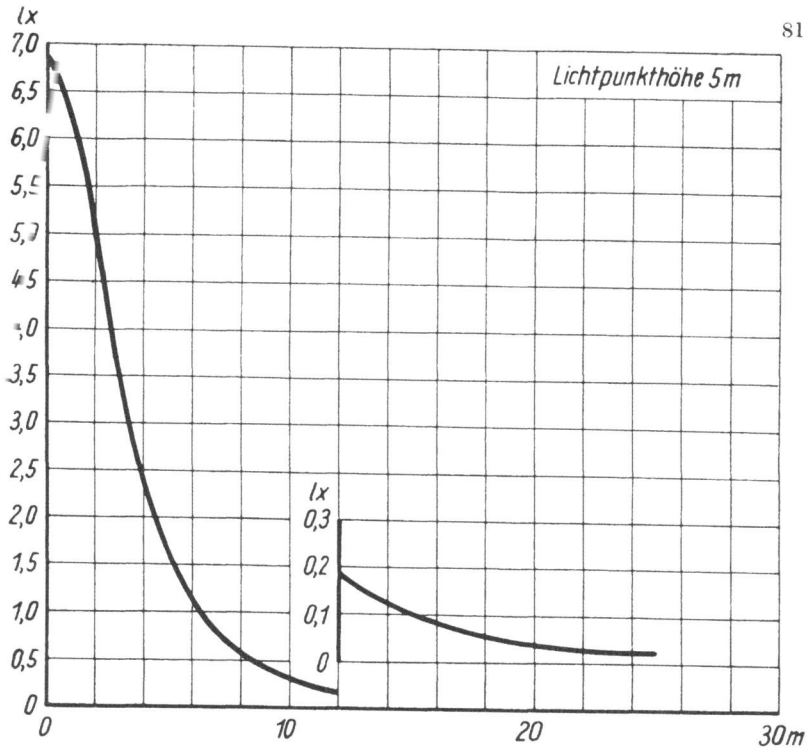

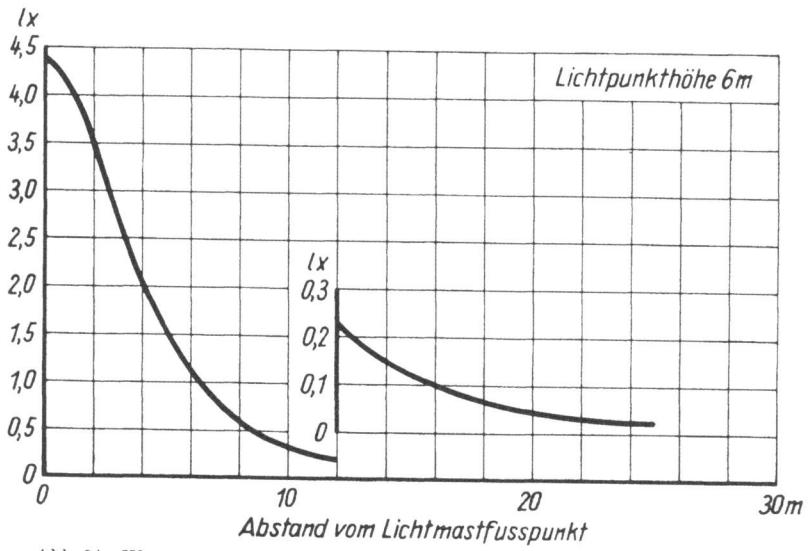

Abb. 91. Waagerechtbeleuchtung durch neuzeitliche Gasgeleuchte, bezogen auf 100 HK⊖, Lichtpunkthöhe 5 und 6 m.

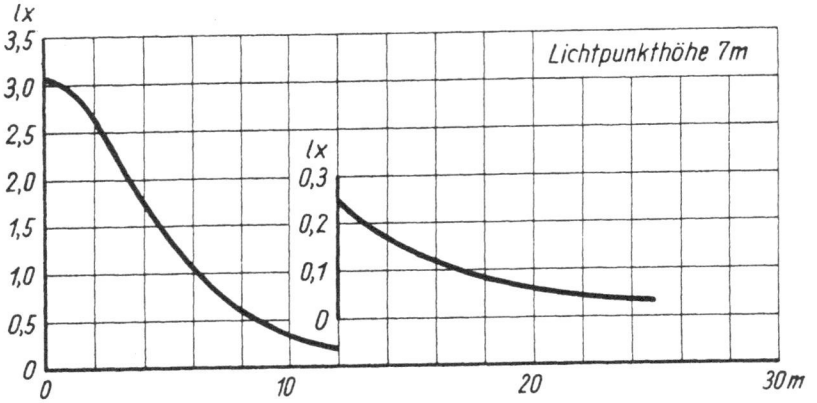

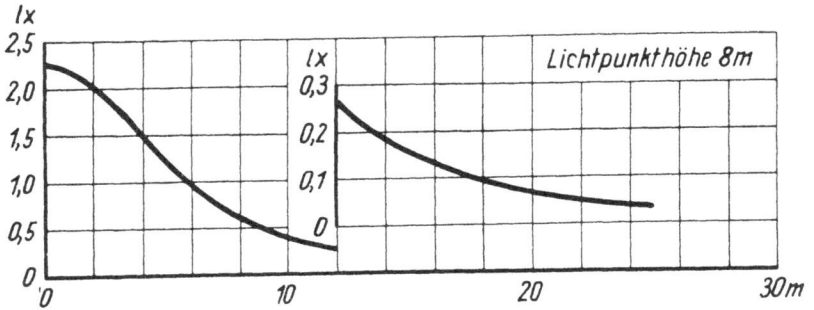

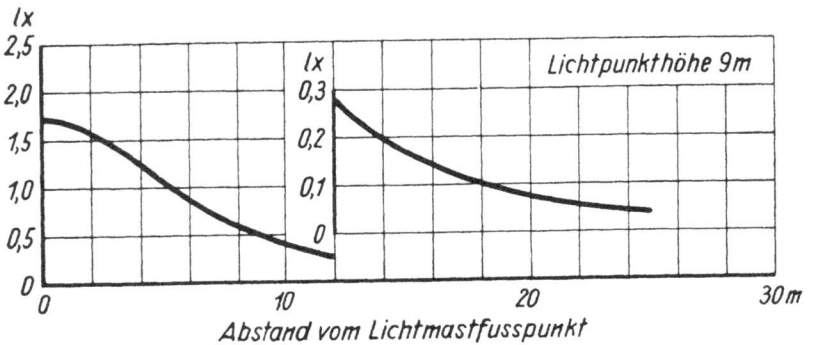

Abb. 92. Waagerechtbeleuchtung durch neuzeitliche Gasgeleuchte, bezogen auf
100 HK○ Lichtpunkthöhe 7, 8 und 9 m.

Vereinheitlichung der Gasaußengeleuchte
für Niederdruckgas
DIN-Vornorm DVGW 3245,
Entwurf 1, September 1937.

Inhalt.

A. Begriffsbestimmungen,
B. Bezugseinheiten,
C. Geleuchte:
    1. Einheitsbauarten,
    2. Brenner,
    3. Anschluß,
    4. Ausrüstung.

A. Begriffsbestimmungen.

Der Brenner dient der Lichterzeugung. Er besteht aus Düse, Mischrohr, Verteilungskammer, Mundstück, Glühkörpertragring mit Glühkörper.

Die Glasglocke schützt die Lichtquelle gegen äußere Witterungseinflüsse und kann, wenn sie aus lichtstreuendem Glas besteht, die Lichtverteilung beeinflussen.

Der Reflektor lenkt den Lichtstrom.

Das Gehäuse ist die Umhüllung des Brenners und gegebenenfalls der Zündvorrichtung.

Die Ausrüstung umfaßt Gehäuse, Reflektor, Glasglocke und gegebenenfalls Zündvorrichtung.

Das Geleucht ist der Brenner mit der betriebsmäßigen Ausrüstung.

Die Lampen im Sinne von DIN 5032 sind sowohl Brenner als auch Geleuchte.

Die Lichtpunkthöhe ist der senkrechte Abstand (H) von Mitte Glühkörper bis zur Straßenoberfläche.

Die Anschlußhöhe ist der senkrechte Abstand (H') des Anschlußstückes des Geleuchtes bis zur Straßenfläche (siehe Abbildung).

Die Meßhöhe ist der senkrechte Abstand (h) von Mitte Glühkörper bis zur Meßebene 1 m über der Straßenoberfläche.

B. Bezugseinheiten.

Mit Gas betriebene Geleuchte sind im Fachschrifttum und in den Verkaufslisten der Hersteller wie folgt zu kennzeichnen:

1. Stündlicher Gasverbrauch in Liter (0^0 760 mm QS, tr.) bei einem Anschlußdruck von 60 mm WS, bezogen auf »Normalgas«[1].
2. Lichtstärke in der unteren Lichtkugelhälfte (J_u)[2] in HK.

---

[1] Normalgas ist Mischgas mit einem oberen Heizwert (Verbrennungswärme) von 4000 bis 4300 kcal/Nm³, einem spez. Gewicht von nicht mehr als 0,5 (Luft = 1) und einem Gehalt an nicht brennbaren Bestandteilen (Inerten) von nicht mehr als 12%.
[2] Die waagerechte Meßebene liegt in der Mittelebene der Glühkörper.

3. Lichtstrom in der unteren Lichtkugelhälfte (Φ_u) in lm.
4. Gasverbrauch in l/H K$_u$, bezogen auf die untere Lichtkugelhälfte.
5. Lichtausbeute in lm$_u$/l, bezogen auf die untere Lichtkugelhälfte.

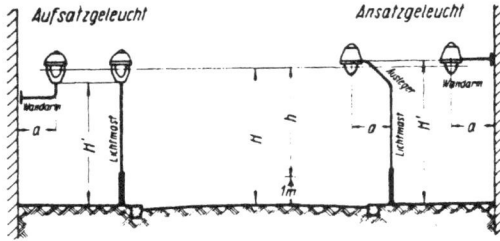

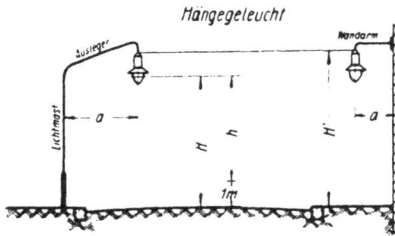

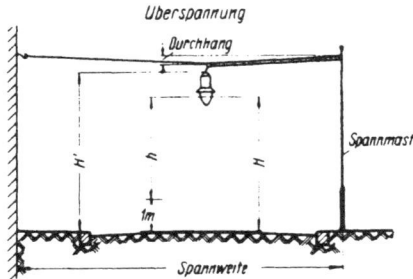

H · Lichtpunkthöhe   H' · Anschlusshöhe
h · Messhöhe   a · Ausladung

    In den Lichtverteilungskurven wird die senkrechte Ausstrahlung nach abwärts einheitlich mit 0^{0} bezeichnet.

    Wegen der weiteren lichttechnischen Begriffe der notwendigen Beleuchtungsstärke bei der Außenbeleuchtung und der Bewertung von Lampen wird auf

DIN 5031: Grundgrößen, Bezeichnungen und Einheiten in der Lichttechnik,

DIN 5032: Photometrische Bewertung und Messung von Lampen und Beleuchtung,

DIN 5035: Leitsätze für die Beleuchtung mit künstlichem Licht verwiesen.

C. Geleuchte.

1. Einheitsbauarten.

a) Einbaubrenner mit 2, 3, 4, 6 Glühkörpern,
b) Aufsatzgeleuchte } mit 2, 3, 4, 6, 9 Glühkörpern,
c) Ansatzgeleuchte }
d) Hängegeleuchte mit 2, 3, 4, 6, 9, 12, 15 Glühkörpern.

Die Anzahl der Nachtflammen beträgt bei Lampen mit

3	Glühkörpern	1 oder 2,		
4	»	2,		
6	»	3,		
9	»	3 bzw. 6	}	für besonders
12	»	4 » 8	}	verkehrsreiche
15	»	5 » 10	}	Straßen.

2. Brenner.

a) Düse: Die Düsen sind fest oder regelbar. Die Verwendung von Festdüsen ist anzustreben. Bei Festdüsen ist ein gleichmäßiger Gasdruck vor der Düse, erforderlichenfalls durch Einbau von Druckreglern in das Geleucht, sicherzustellen.

b) Mundstück: Das Magnesia-Mundstück besitzt einheitlich ½″ Außengewinde.

c) Glühkörpertragring: Einheitsring für Außengeleuchte für Niederdruckgas ist der Ring 1562.

d) Einheitsglühkörper: Für Außengeleuchte wird als deutscher Einheitsglühkörper nur ein solcher mit einem Gasverbrauch von maximal 65 l/h unter den eingangs aufgeführten Betriebsbedingungen und mit einer Länge von 22 bis 24 mm hergestellt und verwendet.
Als Länge des Glühkörpers wird die Entfernung der Kuppe bis zur Nut des Ringes bzw. zur Anbindestelle bezeichnet. Sie wird mit einem rechten Winkel gemessen, dessen kürzerer Schenkel an die Kuppe des Glühkörpers gelegt wird und dessen längerer Schenkel, der mit Millimetereinteilung versehen ist, die Ablesung der Länge bis zur Nut bzw. bis zur Anbindestelle gestattet.

3. Anschluß[3]).

a) Aufsatz- und Ansatzgeleuchte erhalten für den Anschluß an die Rohr-
leitung Innengewinde (Rohrgewinde nach DIN 259), und zwar

Aufsatzgeleuchte: für Rohr 20 mm Nennweite ($\frac{3}{4}$''),
Ansatzgeleuchte: für Rohr 25 mm Nennweite (1'').

b) Hängegeleuchte erhalten für den Anschluß Außengewinde (Rohrgewinde nach DIN 259), und zwar

bis zu 6 Flammen für Rohr 15 mm Nennweite ($\frac{1}{2}$''),
über 6 Flammen für Rohr 20 mm Nennweite ($\frac{3}{4}$'').

Der Gewindestutzen hat über der Gegenmutter eine Länge von 30 mm,
die Gegenmutter eine Höhe von 9 mm.

4. Ausrüstung.

Vereinheitlicht werden nur die Einbaumaße der Glasglocken. Die Glasglocken für Hänge-, Aufsatz- und Ansatzgeleuchte sind gleich und haben
nachstehende Abmessungen:

Randdurchmesser der Glocke	Durchmesser der Glocke unter dem Auflagerand	für Geleuchte (mit und ohne Nacht- flammen) mit
165 mm	150 mm	2 bis 4 Glühkörper
206 »	190 »	6 »
245 »	227 »	9 »
312 »	285 »	12 u. 15 »

[3]) Die Anbringung der Geleuchte soll so erfolgen, daß die Lichtpunkthöhe beträgt:
1. für Lichtmaste oder Wandarme
2 flammige Geleuchte mindestens 3,5 m
3 » » » 4 »
4 » » » 4,5 »
6 » » · » 5 »
9 » » » 5,5 »
12 » » etwa 6 »
15 » » » 6,5 »
2. Überspannungen
mindestens 6,5 m, bei größerer Flammenzahl auch höher.

Deutscher Verein von Gas- und Wasserfachmännern e. V.
Vereinigung der Fabrikanten im Gas- und Wasserfach e. V.

Zusammenstellung einiger Gerichtsentscheidungen betr.
Beleuchtungspflicht der Gemeinden.

Oberlandgericht Nürnberg, 27. 11. 1931.

Durch die Rechtsprechung ist der Grundsatz herausgestellt worden,
daß derjenige, der auf dem ihm gehörigen oder seiner Verfügung unter-
stehenden Grund und Boden einen Verkehr für Menschen eröffnet, auch
für die Verkehrssicherheit Sorge tragen muß. Dieser Grundsatz gilt auch
für die Körperschaften des öffentlichen Rechts.

Landgericht Koburg, 24. 2. 1928.

Eine Gemeinde ist als Eigentümerin einer öffentlichen Straße verpflichtet, für die Verkehrssicherheit auf der Straße zu sorgen; sie haftet,
soweit Unfälle durch Verletzung dieser Pflicht verursacht werden, für den
dem Verunglückten dadurch erwachsenen Schaden.

Landgericht Breslau, 13. 10. 1927.

Auch die Verpachtung eines Geländes (mit Restaurant) an einen
Dritten befreit die Stadt nicht von der Verpflichtung, sich selbst darum
zu kümmern, ob eine ausreichende Beleuchtung vorhanden ist.

Rechtsurteile bei mangelhafter Beleuchtung[1]).

1. Öffentliche Straßen, Wege und Plätze.

RG., Bd. 55, S. 28:

Die Gemeinde darf bei einer im Zuge der Landstraße gelegenen, von
Einwohnern und Fremden auch noch in später Nachtzeit begangenen
Brücke es nicht den einzelnen Passanten überlassen, sich etwa durch
Mitnahme einer Handlaterne selbst vor Gefahr zu schützen. Wenn auch
nicht für die ganze Nacht bei einer Landgemeinde eine Beleuchtungspflicht anzuerkennen ist, so muß doch nach Aufhören der Beleuchtung
durch Anbringen eines Geländers oder ähnliche Maßnahmen Vorsorge
getroffen werden.

LG. Guben, 12. Jan. 1927 — 2 O 263/26 —:

Ist eine Brücke abends gegen 10 ½ Uhr nicht ausreichend beleuchtet,
so haftet die Stadt für den Schaden, der daraus entsteht.

RG., Recht 1909, Nr. 2250:

Der Bahnübergang an einer Landstraße in der Nähe einer größeren
Stadt, auf der auch in den Abendstunden ein reger Verkehr herrscht, ist
bei Dunkelheit so zu beleuchten, daß auch bei Durchfahrt unbeleuchteter
Züge die Eisenbahnschranke für den Passanten sichtbar ist.

---

[1]) Der Werbeleiter, 1. 6. 33, Jahrg. 8, S. 126.

RG., Soergel Rspr. 1913 zu § 823 Nr. 27:

Die Nichtbeleuchtung einer Straße ist für einen Unfall, der sich durch glatte Eisstellen ereignet hat, auch dann kausal, wenn die glatten Stellen infolge einer den Boden deckenden Reifschicht nicht erkennbar waren.

RG., Verk.Rdsch. 1928, Sp. 486, Nr. 318:

Inseln auf dem Verkehrswege müssen nachts durch eine Lichtquelle erleuchtet werden. Wenn die vor der Insel vorhandenen Bogenlampen nicht ausreichen, so muß eine Lichtquelle auf der Insel selbst angebracht werden.

OLG. Nürnberg, 27. Nov. 1931 — H 4836/29 —:

Stellt eine Marktgemeinde die Straßenbeleuchtung an einem Sonntag bereits um 11 Uhr ab, obwohl erfahrungsgemäß an diesem Tage die bäuerliche Bevölkerung das Wirtshaus besucht und reichlicher als sonst dem Alkohol zuzusprechen pflegt, so ist sie haftpflichtig, wenn an einem Straßenaushub, der außerdem nicht besonders gesichert war, jemand zu Fall kommt und Schaden erleidet. Wenn auch im allgemeinen ländliche Gemeinden nicht verpflichtet sind, ihre Ortsstraßen die ganze Nacht hindurch zu beleuchten, so bestand doch unter den besonderen Umständen des Falles für die beklagte Gemeinde Veranlassung, gerade an dem fraglichen Sonntag die Straßenlampen bis 12 Uhr brennen zu lassen, um spät vom Wirtshaus heimgehende Einwohner wegen des bestehenden Verkehrshindernisses vor Schaden zu bewahren.

RG., JW., 1905, S. 199:

Bei einer kleineren Gemeinde besteht zwar keine Verpflichtung, die Ortsstraßen während der ganzen Nacht zu beleuchten, aber doch während einer Zeit, in der mit einem Verkehr auf der Straße noch zu rechnen ist.

LG. Dortmund, 13. Febr. 1931 — IX 8 O 182/30 —:

Ist eine Verkehrsinsel durch eine Bogenlampe ausreichend beleuchtet, so ist eine besondere Beleuchtung der Insel nicht erforderlich.

2. Gastwirtschaften, Treppenhäuser, Zugänge zu Gebäuden und Wohnungen.

Nicht allein bei den öffentlichen Straßen besteht eine Fürsorgepflicht. Auch alle anderen Orte, an denen bestimmungsgemäß häufig Menschen verkehren, sind in verkehrssicheren Zustand zu bringen und darin zu erhalten. Geschieht dies nicht, so haftet der dafür Verantwortliche für allen entstehenden Schaden.

Hierher gehören insbesondere öffentliche Gebäude aller Art, Bahnhöfe, Gaststätten, die Hausflure und Treppen insbesondere von Miethäusern. Auch hier verlangt die im Verkehr erforderliche Sorgfalt eine angemessene Beleuchtung.

Einige Beispiele aus der Rechtspflege:

RG., JW. 1905, S. 45:

Der Gastwirt ist verpflichtet, Zugänge und sonstige Räume der Gastwirtschaft und auch Nebenräume (Toiletten) ausreichend zu beleuchten. Über den Umfang der Beleuchtungspflicht entscheiden die Verkehrsverhältnisse.

RG., Recht 1913, Nr. 2412:

Auch nach der Polizeistunde hat der Gastwirt für ordnungsgemäße Beleuchtung der Ausgänge zu sorgen, wenn sich noch Gäste in seinem Lokal aufhalten.

RG., Recht 1912, Nr. 1466:

Die Beleuchtungspflicht der Hausflure und Treppen, soweit und so lange sie einem regelmäßigen Verkehr dienen, gehört jedenfalls an größeren Orten bei einem von Parteien bewohnten Mietshaus zu den Pflichten des Hauseigentümers. Die Pflicht besteht sowohl den Mietern als auch Dritten gegenüber (ebenso RG., Recht 1907, Nr. 2291, 3499).

RG., JW. 1906, S. 110:

Der Hauseigentümer ist zur Flurbeleuchtung nicht erst bei eingetretener Dunkelheit, sondern schon während der Dämmerung verpflichtet.

RG., Recht 1916, Nr. 1293:

Überträgt der Vermieter die Beleuchtungspflicht auf den Mieter, so muß er zum mindesten überwachen, ob der Mieter die übernommene Verpflichtung auch erfüllt. Anderenfalls bleibt er selbst verantwortlich (ebenso RG., Gruchot 60, S. 1012; LZ. 1916, Sp. 1239).

RG., Recht 1909, Nr. 3064:

Im Halbdunkel liegende Stufen verkehrsreicher Räume sind nötigenfalls den ganzen Tag über zu beleuchten; die Unterlassung bildet in der Regel die überwiegende Ursache eines Sturzes.

RG., Recht 1907, Nr. 451:

Ist die Eingangspforte einer Ausstellungshalle nicht genügend beleuchtet, so haftet der Unternehmer der Ausstellung. Unerheblich ist es, ob bisher schon Unfälle vorgekommen sind.

OLG., Kiel, Schlesw.-HolsteinAnz. 1915, S. 107:

Die Stadtgemeinde haftet, wenn der städtische Viehhof nicht ausreichend beleuchtet ist und ein Metzger dadurch zu Schaden kommt.

Sachregister

Literaturverzeichnis

a) Aufsätze.

Alberts	Muß das Gaslicht dem elektrischen weichen?	GWF 1921/1/2
Bertelsmann	Das Gas in der Straßenbeleuchtung Deutschlands.	GWF 1929/50/1213
Konradski	Die öffentliche Beleuchtung Danzigs.	GWF 1929/50/1234
Bertelsmann	Über das Beleuchtungsglas für Gaslicht.	GWF 1930/5/109
Abach	Das Gas in Barcelona.	GWF 1930/14/328
Leipold	Zur Frage der Straßenbeleuchtung mit Gas.	GWF 1930/49/1160
Bertelsmann u. Cornelius	Das Gas in der Straßenbeleuchtung Deutschlands im Jahre 1929.	GWF 1931/1/12
Heckenstaller	Die Entwicklung der städt. Straßenbeleuchtung in Regensburg.	GWF 1931/4/85
Leipold	Normalisierung der Straßenbeleuchtung in Berlin.	GWF 1931/41/1064
Bertelsmann u. Cornelius	Das Gas in der Straßenbeleuchtung Deutschlands. 1930.	GWF 1932/15/277
Bertelsmann	Straßenbeleuchtung mit Gas in England.	GWF 1932/15/285
Kammerer	Gas-Straßenbeleuchtung einer mittelgroßen Stadt.	GWF 1933/8/121
Schweder	Der Anteil des Gases an der Straßenbeleuchtung in Deutschland im Jahre 1931.	GWF 1933/18/318
Dalldorf	Öffentliche Straßenbeleuchtung und Laternendruckregler.	GWF 1933/23/461
Lux	Grundsätzliches zur Frage der Straßenbeleuchtung unter besonderer Berücksichtigung mit Gas.	GWF 1933/30/573

Schweder	Vereinheitlichung der Gasstraßen- geleuchte und deren Einzelteile.	GWF 1934/10/159
Bruck	Aus der Technik und Praxis der Gas-Straßenbeleuchtung im Ver- sorgungsgebiet der Berliner Städtischen Gaswerke A.G.	GWF 1934/34/569
Klein	Verbesserungen für die Gas- Straßenbeleuchtung.	GWF 1934/43/741
Schweder u. Albrecht	Der Anteil des Gases an der öffent- lichen Beleuchtung in Deutsch- land im Jahre 1932.	GWF 1934/48/832
Schweder	Kurzer Überblick über einige akute Fragen der öffentlichen Be- leuchtung Deutschlands unter besonderer Berücksichtigung des Gases nebst Mitteilung von Er- fahrungszahlen aus Magdeburg.	GWF 1934/51/886
Beckmann	Die Hamburger Gas-Straßenbe- leuchtung.	GWF 1935/12/201
Beckmann u. Pohl	Totale Gaswerbung und Gas- Straßenbeleuchtung.	GWF 1936/38/685
Koch	Einwirkung der XI. Olympischen Spiele 1936 auf die Verbesserung der Straßenbeleuchtung und den Gasverbrauch in Berlin.	GWF 1936/40/717
Beckmann u. Goos	Die Gas-Straßenbeleuchtung in den Jahren 1933 bis 1935.	GWF 1937/19/307
Sewig	Wege zum Ausbau der Gas- Straßenbeleuchtung.	GWF 1937/24/393
Schäfer	Der gegenwärtige Stand der Stra- ßenbeleuchtung durch Gas.	Das Licht 1931/12/296
Simpson	Gute Straßenbeleuchtung — ein Lebensretter.	Das Licht 1934/12/237
Voege	Die Blohm-Glocke.	Das Licht 1935/2/22
Klein	Sehleistungsprüfer für Straßen- beleuchtungsanlagen.	Das Licht 1935/7/134
Weigel u. Schlüsser	Über die lichttechnischen Eigen- schaften von Straßendecken.	Das Licht 1935/7/161

Lossagk	Unfallklärung und -vorbeugung durch lichttechnische Untersuchungen.	Das Licht 1936/9/182
Schneider	Verkehrsbeleuchtung und Luftschutz.	Das Licht 1936/9/188
Lingenfelser	Ein Vorschlag zur Beleuchtung von Straßentunnels und Unterführungen.	Das Licht 1937/3/43
Arndt	Der Stand der Straßenbeleuchtungstechnik.	VDI 1936/33/717
Cowan	Some downright thoughts on the public lighting load.	The Gas Times 5. 12. 1936/25

b) Bücher.

Bloch	»Lichttechnik«	Verlag R. Oldenbourg, München-Berlin.
Köhler	»Lichttechnik«	Dr. Max Jänecke, Verlagsbuchhandlung, Leipzig.
Voege	»Leitfaden der Lichttechnik«	Verlag Julius Springer, Berlin.

Druck von R. Oldenbourg, München